Tolib Turaev

Um método eficaz para estabilizar o condensado de gás

INTRODUÇÃO

Com as crescentes exigências dos veículos a motor (maior potência do motor, carga útil, conforto e menor consumo de combustível, dimensões, etc.), os requisitos de qualidade dos combustíveis para motores estão a aumentar [1]. Nos últimos anos, tem vindo a aumentar a tendência dos produtores de combustíveis para criarem composições que permitam uma elevada resistência à detonação, poder calorífico, combustão mais completa com menor formação de fuligem, etc. [2]. Para garantir os requisitos acima referidos, a forma mais próxima é obter combustíveis que contenham álcoois e ésteres de baixo peso molecular. Os aditivos mais conhecidos utilizados em vez dos detonadores de chumbo tetraetilo nos combustíveis são os iso-ésteres (ésteres metil-terc-butílico, etil-terc-butílico e terc-butilisoamílico). No entanto, a sua produção está associada a certas dificuldades; o transporte, o armazenamento e certas propriedades negativas tornam-nos vulneráveis para a sua utilização nos combustíveis. Por conseguinte, para obter hidrocarbonetos com baixo teor molecular de oxigénio, recorre-se à oxidação de fracções leves de hidrocarbonetos condensados de gás sobre catalisadores MnO2 ou H3BO3 [3] em contacto vapor-condensado de hidrocarbonetos no ambiente de oxigénio atmosférico empobrecido.

O estudo dos esquemas tecnológicos dos processos de estabilização do gás e do condensado de gás, os modos de funcionamento de aparelhos separados e as suas caraterísticas de conceção, as caraterísticas de diferentes tipos de matérias-primas dão as direcções principais da obtenção de produtos diferentes e, consequentemente, mostrarão as direcções principais do desenvolvimento da indústria química moderna do gás e do processamento de petróleo e gás. Isto é especialmente importante nas questões de modernização das empresas desta indústria, bem como nas questões de obtenção de homólogos do metano.

O condensado de gás é um produto importante da produção de gás. O condensado estável é utilizado para produzir combustíveis para motores e produtos químicos valiosos. Até à data, os seus esquemas de separação na maioria das instalações de processamento de gás ainda estão longe de ser perfeitos, pelo que as questões do aumento da produtividade das instalações industriais, da sua melhoria, da melhoria da sua tecnologia e da segurança ambiental são muito relevantes.

O processo de estabilização do condensado de gás é uma fase importante para a obtenção de grandes fracções de hidrocarbonetos combustíveis. O condensado de gás estável é leve, transformado num produto acabado e transportado para refinarias de petróleo como a Refinaria de Bukhara e a Refinaria de Fergana. Por conseguinte, a estabilização do condensado de gás é considerada uma etapa importante neste domínio.

Neste contexto, é relevante a presente tese de mestrado, dedicada às caraterísticas da unidade de estabilização de condensados de gás em funcionamento no GPP Mubarek, à modernização da unidade existente, à melhoria da qualidade dos produtos de saída e à redução dos custos de consumo de energia.

O principal objetivo desta monografia **é** melhorar a eficiência da estabilização das propriedades do condensado de gás e o desenvolvimento de esquemas tecnológicos melhorados de instalações de estabilização de condensado de gás e intensificação do processo.

A este respeito, foram definidos e abordados os seguintes objectivos:

- fazer uma análise científica e prática dos materiais conhecidos da literatura dedicados à investigação e desenvolvimento da experiência prática da estabilização do condensado de gás (GC), bem como da aplicação do GC;
- são consideradas questões teóricas de química e reologia do HA;

- Desenvolver métodos de análise e objeto de investigação -GC, bem como materiais auxiliares, extractantes e meios experimentais;

- Desenvolver um esquema tecnológico melhorado da unidade de estabilização de condensados de gás e intensificação do processo;

- Melhorias na eficiência da estabilização das propriedades dos condensados de gás.

Desenvolvimento de um método eficaz de estabilização de condensados de gás instáveis. Melhoria do atual processo de estabilização de condensados de gás.

O primeiro capítulo mostra a tecnologia de estabilização do condensado de gás por recirculação da desgaseificação do gás, estabilização do condensado por desgaseificação em várias fases e fracionamento do condensado de gás na fábrica de separação de gás para obter solventes e combustível para motores. Até à data, esta direção é conduzida no Instituto de Química Geral e Inorgânica no laboratório de Condensados de Gás sob a orientação do candidato de ciências químicas A. Alimov

Os principais métodos utilizados para determinar as propriedades dos produtos condensados de gás são a composição fraccionada no aparelho ARN-2, a viscosidade condicional, a determinação de hidrocarbonetos aromáticos, a determinação do ponto de inflamação num cadinho fechado, o teor de enxofre por queima numa lâmpada, a presença de ácidos e álcalis solúveis em água, a determinação do número de acidez. A radiação infravermelha, a cromatografia líquida e gasosa e a análise elementar são também utilizadas para determinar as propriedades dos produtos de condensação gasosa.

Com base nas investigações realizadas e nos resultados obtidos, foi desenvolvido e realizado durante a reconstrução o esquema tecnológico que funciona de forma estável numa vasta gama de alterações da composição fraccionada da matéria-prima inicial.

CAPÍTULO I. REVISÃO DA LITERATURA. CARACTERÍSTICAS GERAIS DO PROCESSO DE ESTABILIZAÇÃO DE CONDENSADOS DE GÁS

1. Condensados de gás do Uzbequistão e suas propriedades.

Durante os anos de independência do nosso país, a indústria de transformação de petróleo e gás deu passos sem precedentes no desenvolvimento de novos campos de gás e petróleo e na sua transformação. Com o grande apoio do Governo da República ao sector, sob a liderança de I. A. Karimov, foram desenvolvidas a refinaria de petróleo de Bukhara (BOR), o complexo químico e de gás de Shurtan (SGCC), várias empresas de transformação de gás, foi concluída a construção de grandes instalações de armazenamento de gás e foram reconstruídas algumas instalações de produção de refinarias de petróleo. Como resultado, foi alcançada a independência da economia da República do Usbequistão em termos de combustíveis [3].

O lançamento e o desenvolvimento do SHGC pela primeira vez podem ser registados com satisfação como um sucesso especial; a produção de produtos químicos de polietileno (todas as suas variedades) a partir de gás natural - etano - foi acelerada na região. Em geral, serão processados 4,5 - 5,0 mil milhões de m^3/ano de gás bruto, a partir do qual são obtidos os produtos [3]:

1.	Gás comercializável (metano - 99%)	3,5-4,0 mil milhões de m^3/ano
2.	Condensado de gás (estável)	90-110 mil toneladas/ano;
3.	Etano (gás de processo)	160-165 mil toneladas por ano
4.	Etileno (para polietileno)	140-145 mil toneladas/ano

5.	Gás liquefeito (propano-butano)	110-135 mil toneladas por ano
6.	Enxofre gasoso (99,9% de pureza)	4,5-5,5 mil toneladas/ano

No entanto, é de notar que a maior parte da produção (85% do gás comercializável, condensado de gás, gás liquefeito, etc.) do complexo continua a funcionar para combustível e a partir de uma pequena parte das matérias-primas - o etano é obtido etileno, a partir do qual é sintetizado o polietileno - 125 mil toneladas/ano. Esperando o futuro do SHGCC, como o Presidente da República observou na apresentação, "... é necessário obter uma lista considerável de materiais químicos a partir do gás obtido...," [4], ou seja, desenvolvendo o pensamento anterior: o complexo químico tem um vasto campo de ação no desenvolvimento da transformação química de todos os componentes do gás natural em produtos químicos intermédios e materiais.

As enormes possibilidades da SHGCC como da única produção química de gás na república, incorporando as mais recentes tecnologias, purificação de gás, separação de gás, conversor de gás (forno de pirólise), produção de frio, armazenamento de gás e outras unidades auxiliares, promovem o auto-desenvolvimento - domínio de novas tecnologias, produção de óxido de etileno, etanolaminas, etilenoglicóis, propileno, etc.

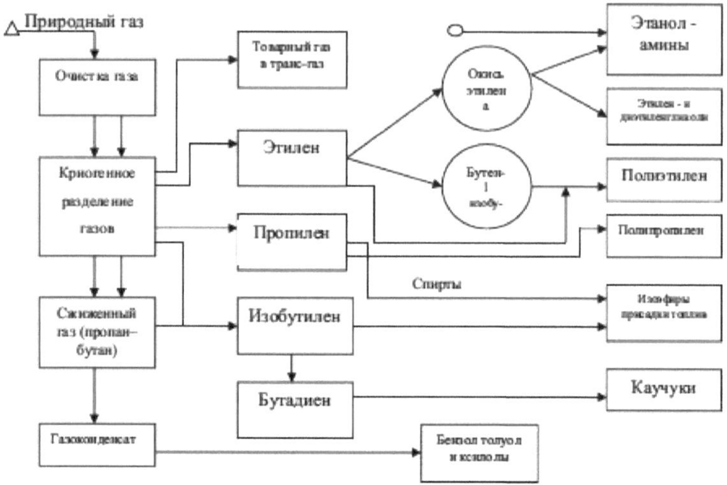

Fig.1 Esquema atual e prospetivo do desenvolvimento da SHCP para a produção de produtos de síntese química de gás.

△ - tecnologias e produtos existentes; ○ - tecnologias e produtos prospectivos na UZ-KOR-GAS-Chemical (Surgilinsk MCC)

A produção de polietileno permite a substituição das importações de mais de 300 artigos de produtos químicos fabricados no nosso país, e as fases seguintes do produto de síntese química do gás proporcionarão forças progressivas para o desenvolvimento da ciência dos materiais químicos [5]. A investigação científica inicial lançou as bases para novos desenvolvimentos práticos em tecnologias para intermediários químicos - benzeno, tolueno e xileno (BTK) [6], gasolina composta [7], aditivos sem cinzas [8,9], solventes de extração de petróleo amigos do ambiente [10], variedades de solventes para engenharia mecânica [11,12], etc. [13,14]. [13,14].

Ao mesmo tempo, foi encontrada e criada a fundamentação teórico-científica e a documentação técnica de alguns dos produtos listados de utilização química do condensado de gás. Para o processamento químico do gás e dos condensados foram estudadas a composição e as propriedades dos campos explorados da República (Quadro 1).

Tabela 1.

Composição e propriedades do gás e dos gases de refinaria

Gás	Gravidade específica do ar, g/m^3	Composição de hidrocarbonetos, %				Quantidade e outra composição, %
		CH_4	C_2H_6	C_3H_8	C_4H_{10}	
Natural em bruto	640	76,4	5,1	3,2	1,7	13-17
Produto natural	538	99,3	0,3	0,1	-	-
Tecnológico	660	0,2	58,5	30,2	11,3	0,5-1,0
Liquefeito	650	0,1	0,4	60,7	35,3	2,5-3,0

Como se pode verificar, a composição média dos gases naturais é rica em gases de processo, contendo principalmente etano e fracções de gás liquefeito. Estes componentes do gás natural, como se sabe por experiência de longo prazo, são os semi-produtos mais limpos e tecnologicamente favoráveis para o seu processamento químico profundo, o que é confirmado pela prática de produção nos GPP. Este é um exemplo vivo da transformação do gás em material químico e, além disso, a chave para o desenvolvimento da ciência dos materiais químicos.

Como resultado de um estudo a longo prazo de condensados de gás provenientes de campos de gás natural explorados, pode concluir-se que estes cumprem os seguintes requisitos de processamento químico:

- com baixo teor de enxofre (ligado) em comparação com o petróleo;
- muito aromático (12-27 % de maio);
- misturas de hidrocarbonetos relativamente leves e móveis (35-380°C);
- de cor clara e facilmente reciclável.

Estes totais são condições suficientes para a utilização química e a transformação em produtos intermédios.

Tabela 2.

Indicadores das propriedades dos condensados de gás do Uzbequistão

Pesca	Produção de HC, milhares de toneladas para 2001.	Temperatura, °C		Propriedades físicas		Composição do grupo hidrocarbonetos, % *em peso*			Teor de enxofre ligado, %	Cor da HC de acordo com a nodometria
		N. K.	C.c..	d_4^{20} *kg/m³*	Π_D^{20}	Parafina	Nafténico	Aromático		
	2000	45	385	764	1,4592	62,1	29,1	8,8	0,2-0,3	28
Shurtan	800	35	360	740	1,4358	47,0	26,0	27,0	0,08-0,1	12
Mubarek s/n	380	40	350	738	1,4385	56,2	29,3	14,5	0,15-0,2	19
Grupo de nascimentos de Bukhara	410	50	380	787	1,4486	39,1	36,7	24,2	0,25-0,4	30
Summa e outros depósitos	650	55	390	810	1,4675	42,5	40,8	16,7	0,3-0,5	35

De acordo com os dados da investigação (Quadro 2), pode considerar-se que os condensados de gás em causa são únicos em termos de volume de produção e composição do grupo e são bastante adequados para utilização na petroquímica. O conjunto de indicadores foi analisado para os condensados de gás estáveis enviados para transformação em combustível, tendo sido verificada a sua conformidade com os requisitos das especificações técnicas.

Durante a separação a baixa temperatura e a estabilização do condensado de gás, são arrastados hidrocarbonetos leves, que são recuperados como um resíduo em forma de cubo durante a separação de propano-butano - uma grande fração de hidrocarbonetos leves (LGN). Os LGN caracterizam-se por um baixo ponto de ebulição com uma pressão de vapor saturada de 512,8 *MPa*, ausência de água e de impurezas mecânicas, teor muito baixo (vestígios) de enxofre e de hidrocarbonetos aromáticos, elevada mobilidade, transparência, etc.

Quadro 3.

Composição qualitativa e quantitativa de solventes para extração de óleos vegetais.

Componentes	Ponto de ebulição, °C	Solventes		
		GK-30/115 LGN	GC-ER 30/85	GC-ER 65/85
H-pentano	36.1	0.35	0.75	0.92
2,3-Dimetilbutano	58.0	2.46	2.29	2.08
2-Metiletano	60.0	3.20	14.47	19.60
H-hexano	68.3	36.50	37.24	29.97
Metilciclopentano	71.8	10.90	11.78	9.24
2,4-Dimetilpentano	80.5	2.95	2.90	3.12
Benzeno	80.1	0.05	0.07	0.08
1-metil-hexano	85.2	0.92	1.20	1.01
3-Metilhexano	84.0	0.31	0.38	0.41
1,2-Dimetilciclopropano	78.2	0.82	0.90	0.94
Metilciclobutano	76.4	0.60	0.55	0.60
*Outros hidrocarbonetos	30-115	4.54	3.25	0.10
C_2-C^1_{10}	$\ll$	3.25	-	-
*-Componentes de LGN leves, que estão incluídos em GC-30/115 e GC-ER 30/85.				

Tendo em conta estas propriedades, foi desenvolvida a tecnologia do solvente-extrator de condensados de gás (GC-ER 65/85), ou seja, foram estabelecidos os parâmetros do processo de extração das fracções de hidrocarbonetos de 65-85°C do LGN. Para caraterizar o solvente-extrator de óleo vegetal, foi efectuada uma análise completa da composição das fracções de hidrocarbonetos (Tabela 3).

Verificou-se a ausência de componentes agressivos estranhos na composição dos solventes e, mesmo que tenham sido encontrados vestígios de hidrocarbonetos sulfurosos e aromáticos, estes são muitas vezes inferiores aos requisitos dos análogos conhecidos. Os solventes obtidos foram testados na extração de óleo de algodão do bagaço, o que promoveu a aceleração do processo de extração em 1,5 vezes e a seleção qualitativa de óleos com fornecimento da sua elevada pureza ecológica.

Os resultados dos testes do solvente desenvolvido permitem a aderência de amostras pré-desengorduradas sob primários como LK-070 e EP 0215 até 95%, esmaltes PF-115 e PF-223 96%, selantes UZOMES 5 sob a camada P-9 até 98% e detetabilidade de defeitos na inspeção capilar de detalhes 100%.

Quadro 4.

Indicadores de solvente de condensado de gás (GK-RS 80/120)

Indicadores e unidades normativas.	Normas
Densidade a 20 ºC, g/cm^3	0,73
Composição fraccionada:	
Ponto de ebulição, ºC	80
93,0 % deve ser destilado a uma temperatura de, pelo menos	110
98,0 % deve ser destilado a uma temperatura de, pelo menos	120
Resíduo no balão após a destilação 6%, no máximo	1,5
Número de bromo g.bromo/100 cm^3 , máx.	0,09
Ensaio de mancha de óleo (30 min.)	Resiste
Teor de ácidos e álcalis solúveis em água	Ausente
Impurezas mecânicas e teor de água	Abaixo do normal
Teor de chumbo tetraetilo	Abaixo do normal
Ponto de inflamação, ºC, não inferior a	-
Temperatura de auto-ignição, ºC	270
Condutividade eléctrica do pico de desvio/m, não inferior a	50

O LGN é também uma matéria-prima valiosa para a obtenção de solventes utilizados na construção aeronáutica, é utilizado na defectoscopia de peças de motores, na preparação de colas, vedantes, etc., e tem requisitos especiais, que foram alcançados durante o desenvolvimento à escala de bancada do processo de obtenção do solvente GC-RS 80/120°C (Quadro 4).

O elevado teor (32 - 34 wt.%) de (BTK) na fração alvo (65 - 125 ^{0}C) do condensado de gás de Mubarek permitiu desenvolver a sua extração com um extrator seletivo. O BTK, que tem interesse como componente dos combustíveis para motores, é um semi-produto para a síntese de uma série de produtos químicos e materiais. O benzeno e o tolueno quimicamente puros foram obtidos a partir do BTK com os indicadores correspondentes no seu certificado de qualidade.

As capacidades das matérias-primas do condensado de gás e dos semi-produtos das refinarias em funcionamento permitem obter gasolinas compostas de alta qualidade. Simultaneamente, a gasolina de recirculação e de reforma a partir de condensado de gás com aditivos sem cinzas recentemente sintetizados (éteres etiltretbutílico, diisopropílico e ditretbutílico) permitiu melhorar o desempenho do combustível.

Quadro

Desempenho comparativo de solventes de petróleo e de condensados de gás.

Indicador	Solventes de petróleo conhecidos				Solventes de hidrocarbonetos do gás de condensação		
	Aguardente branca	Ventilação individual	Nefras S-3 70/98	Nefras C-4 130/210	GK-LKM 120/220	GK-LKM 120/160	GK-RE 65/85

1	2	3	4	5	6	7	8
Densidade a 20°C, kg/m³	795	865	695	790	790	845	680
Ponto de ebulição,⁰C	130	120	72	130	120	120	63
Ponto de ebulição final,⁰C	210	160	98	98	220	160	98/85
Resíduo no balão,%	2	8	1	2	0,5	-	2

Continuação do quadro 5

1	2	3	4	5	6	7	8
Fração mássica de aromáticos,%	16	65	4	16	18	42	-
Fração mássica de enxofre, %	0,02	0,04	0,025	0,08	0,01	-	0,01
Ponto de inflamação	30	20	12	32	30	24	13
Volatilidade do xileno	4,5	5-6	2,5-3	6	4-6	3-4	2-2,6
Cor do solvente	Vermelho claro	Amarelo claro	Prozrachny	Amarelo claro	Prozrachny	Prozrachny	Prozrach

Foram efectuados progressos significativos no desenvolvimento de solventes de condensados de gás para materiais de pintura e verniz [15], que são melhores do que os solventes conhecidos obtidos a partir do petróleo (Quadro 5)

Assim, resumindo os resultados da investigação, podem ser tiradas as seguintes conclusões:

- A composição comparativa e qualitativa dos gases naturais (metano, etano, propano, butano e condensados de gás) permite obter desenvolvimentos tecnológicos mais profundos e eficientes que devem ser desenvolvidos até à realização da produção;

- foram desenvolvidas tecnologias para a produção de uma série de compostos (benzeno, tolueno e mistura BTK), gasolinas compostas e solventes de condensados de gás, que devem ser dominadas na UDP Shurtanneftegaz, Mubarekneftegaz e ShGHK;

- procura ilimitada, tanto na República como no estrangeiro, de componentes reduzidos de gases e condensados de gás, cuja realização permite alcançar uma eficiência socioeconómica [3,4].

2. Processos de estabilização das propriedades dos condensados de gás

Para obter um condensado estável, são utilizados principalmente os processos de retificação e de desgaseificação (separação) em várias fases, separadamente ou em combinação.

A estabilização de condensados por desgaseificação em várias fases baseia-se numa diminuição da solubilidade dos componentes leves nos hidrocarbonetos C_{5+} à medida que a temperatura aumenta e a pressão diminui. As diferentes solubilidades dos componentes garantem a sua separação selectiva da fase líquida.

Podem ser utilizados esquemas de desgaseificação (separação) *de uma*, *duas* e três fases para a estabilização do condensado.

Apresentam-se de seguida os resultados dos estudos para determinar a eficiência do processo de estabilização do condensado utilizando cada uma das variantes dos esquemas. O critério de eficiência é o grau de distribuição de hidrocarbonetos pesados (C_5H_{12+}) entre os gases de separação e o condensado estável. As composições dos condensados instáveis investigados são apresentadas na Tabela 6. [16].

Tabela 6.

Composições dos condensados instáveis investigados de diferentes composições, %*(mol.)*

Componentes	Composição

	I	II	III
N_2	0,114	0,153	0,069
CH_4	51,326	51,634	51,088
C_2H_6	10,806	10,444	8,886
C_3H_8	9,410	7,675	1,060
iso - C_4H_{10}	2,519	2,234	2,136
n - C_4H_{10}	2,858	2,693	0,876
iso - C_5H_{12}	2,175	4,723	7,166
n - C_5H_{12}	1,869	4,257	4,934
C_6H_{14}	3,286	4,001	5,515
Continuação do quadro 5			
C_7H_{16}	2,509	3,847	5,019
C_8H_{18}	2,271	2,849	3,695
C_9H_{20}	2,218	2,155	3,852
$C_{10}H_{22}$	8,4 01	3,467	5,537
CO_2	0,239	0,226	0,667
A quantidade de C_5 a C_{10} na matéria-prima:			
% (mol.)	22,729	25,299	35,718
Kg/100 mol.	2302	2432	3548

As matérias-primas foram tratadas de acordo com três variantes (Fig. 2). Na primeira variante, a estabilização foi efectuada numa única fase a 0,13 MPa e 40 °C. De acordo com a segunda variante, a matéria-prima foi primeiro desgaseificada a 4,0 MPa e 10°C, depois a fase líquida foi sujeita a separação na segunda etapa a 0,13 MPa e 40°C. A terceira variante proporcionou a estabilização da matéria-prima em 3 etapas nos seguintes regimes: I - 4 MPa, 10°C; II -1,6 MPa, 0°C; III - 0,13 MPa, 40°C. Todas as variantes na fase final da separação têm o mesmo regime em termos de pressão e temperatura.

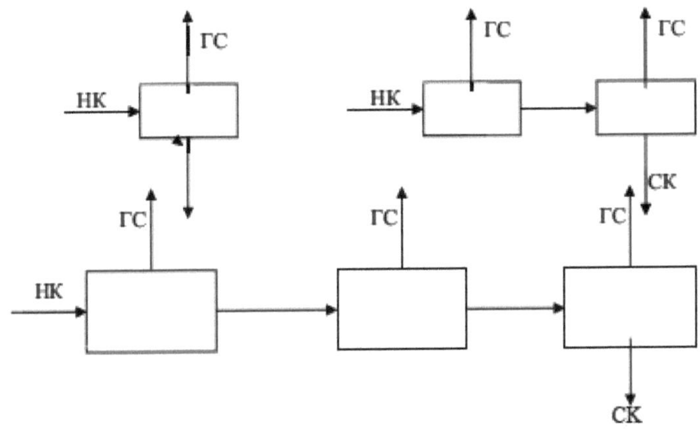

Fig. 2. **Esquema de cálculo das opções de estabilização do condensado por desgaseificação.**

NK - condensado instávelcondensado instável; GS - gás de separação; SC - condensado estável.

Quadro

Grau de evaporação de componentes pesados na estabilização do condensado por variantes de esquemas, de acordo com a Fig. 5 e o quadro 6.

Componentes	Composição n.º 1			Composição n.º 2			Composição n.º 3		
	I	II	III	I	II	III	I	II	III
1	2	3	4	5	6	7	8	9	10
iso - C_5	86,70	97,49	57,64	90,80	2,55	63,59	82,94	56,72	41,73
n - C_5	84,20	62,78	52,49	88,97	65,48	55,06	79,91	51,65	36,85
C(6)	66,47	38,08	28,66	74,90	43,91	34,01	59,56	28,06	17,53
C(7)	42,40	18,60	12,99	52,69	22,49	16,03	35,45	12,64	7,30
C(8)	22,30	8,11	5,49	30,08	10,04	6,84	17,46	5,27	2,94
C(9)	11,49	3,84	3,54	16,22	4,78	3,19	8,70	2,44	1,35
C(10)	5,17	1,66	1,10	7,49	2,05	1,36	3,827	1,05	0,58
1	2	3	4	5	6	7	8	9	10
L	15,417	19,49	21,04	10,95	16,81	18,86	19,98	27,55	30,83

G	1865	2164	2252	1202	1670	1837	2229	2833	30580
S	18,99	5,96	2,17	50,6	30,1	24,50	37,13	20,16	13,8

Nota: *L* - teor de condensado estável, % (mol.) da quantidade de C_5 - C_{10} na matéria-prima de acordo com o Quadro 5; *G* - quantidade de C_5H_{12} no condensado estável, kg; *S* - quantidade de componentes $C_5H_{(12)}$- $C_{10}H_{12}$ transferidos para os gases de intemperismo, % do teor na matéria-prima inicial.

De acordo com os dados do Quadro 6, independentemente da composição da matéria-prima, o teor de hidrocarbonetos pesados (C_{5+}) nos gases de separação é tanto menor quanto maior for o número de fases de separação. Ao mesmo tempo, a fração leve do condensado é principalmente arrastada pelos gases de desgaseificação, o que leva a uma diminuição do rendimento das fracções de gasolina quando se processa condensado estável.

Em todas as variantes, os gases de separação de diferentes fases contêm muitos componentes leves e não cumprem os requisitos para gases liquefeitos do GOST.

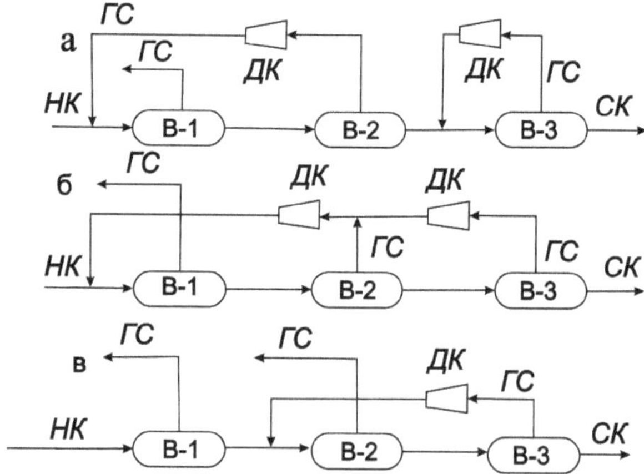

Figura 3. Fluxograma principal do processo USK com recirculação dos gases de desgaseificação:
Desgasificadores B-1, B-2, B-Z; compressor de reforço DC; NC - condensado instável; GS - gás de separação; SC - condensado estável.

Juntamente com o esquema acima, é também possível estabilizar o condensado através da recirculação dos gases de separação para a fase líquida utilizando um compressor de reforço (Fig. 3). Neste caso, devido à mudança de equilíbrio entre as fases, há uma libertação adicional de hidrocarbonetos leves da fase líquida. Ao mesmo tempo, ocorre também a absorção de componentes pesados pelos hidrocarbonetos líquidos. Como resultado, o rendimento do condensado estável da matéria-prima processada aumenta.

Uma caraterística qualitativa do funcionamento dos esquemas de estabilização do condensado acima referidos é dada pelos gráficos da Fig. 4. Para obter estas dependências, foi tratada a matéria-prima com a seguinte composição: CH_4 *- 30,23;* C_2H_6 *- 8,11;* C_3H_8 *-7,45; iso -* $C_{(4)}H_{10}$ *- 1,44; n -* C_4H_{10} *- 4,42; iso -* C_5H_{12} *-1,99; n -* C_5H_{12} *- 2,59;* C_6H_{14} *- 4,27;* C_7H_{16} *- 39,50% (mol.).*

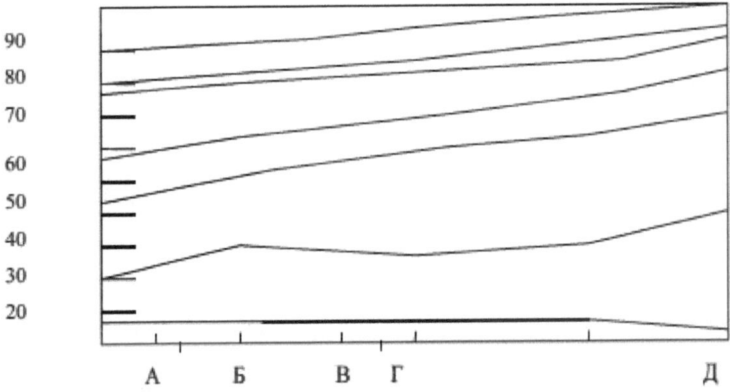

Fig. 4. Rendimento dos componentes no condensado estável em diferentes variantes de funcionamento do USK [16].

Os pontos *A, B, C, D* e *D* na Fig. 4. caracterizam as seguintes variantes do processo de separação: *A* - Desgaseificação em 2 fases do condensado instável sem recirculação; *B* - Desgaseificação em 3 fases sem recirculação; *C* - Desgaseificação em 3 fases de acordo com a Fig. 4, *a*; *D* - Desgaseificação em 3 fases de acordo com a Fig. 4, *b*; *D* - Desgaseificação em 7 etapas sem recirculação.

Os gráficos da Fig. 4 mostram que quando os gases de desgaseificação são introduzidos no fluxo de condensado instável, a profundidade da separação dos hidrocarbonetos leves da fase líquida aumenta e o teor de butano e de hidrocarbonetos mais pesados na fase líquida aumenta.

A utilização da estabilização do condensado na Fig. 3 requer a inclusão de um compressor de reforço no esquema, o que aumenta o seu consumo de energia e de metal.

Considera-se conveniente, na presença de uma sobrepressão suficientemente grande no sistema, utilizar no esquema de ejectores do tipo "líquido-gás", onde o condensado instável poderia servir como um fluxo ativo.

A vantagem do esquema de estabilização de condensado com desgaseificação em vários estágios é a baixa intensidade de metal e energia e a simplicidade. Esta última determina o funcionamento normal do esquema tecnológico com a utilização de um número mínimo de dispositivos de medição, automatismos e alterações na composição da matéria-prima processada.

O processo de estabilização do condensado através da desgaseificação em várias fases encontrou uma ampla aplicação nos campos do nosso país com baixo fator de condensado. Nestas condições, os gases de desgaseificação da primeira fase são introduzidos no fluxo de gás comercializável com a ajuda de um compressor. Os gases dos estágios subsequentes, dependendo das condições específicas de produção, são utilizados na rede de combustível ou alimentados ao queimador. Esta última opção conduz a uma diminuição da eficiência do funcionamento da UGC.

A estabilização do condensado por desgaseificação em várias fases é também utilizada como opção de reserva em caso de paragem das USC que funcionam em modo de retificação.

Como já foi referido, o processo de estabilização do condensado por desgaseificação em várias fases tem sérias desvantagens, tais como a perda de fracções leves do condensado e a impossibilidade de produzir gases liquefeitos em conformidade com as normas GOST. Além disso, a recolha e a utilização de gases de separação estão associadas a elevados custos energéticos. Os factores acima referidos, bem como o aumento do volume de produção de condensado, levaram ao desenvolvimento e introdução de novos processos tecnológicos de estabilização de condensado - utilizando colunas de retificação. Estes processos apresentam as seguintes vantagens em relação à estabilização por desgaseificação multi-estágio:

A pré-separação e a desetanização de condensados instáveis a altas pressões facilitam a utilização de fluxos de gás;

É possível produzir gases liquefeitos que satisfaçam os requisitos GOST sem a utilização de refrigeração artificial;

a energia dos condensados instáveis é utilizada de forma racional;

O condensado comercial caracteriza-se por uma baixa pressão de vapor saturado, o que reduz as suas perdas durante o transporte e o armazenamento.

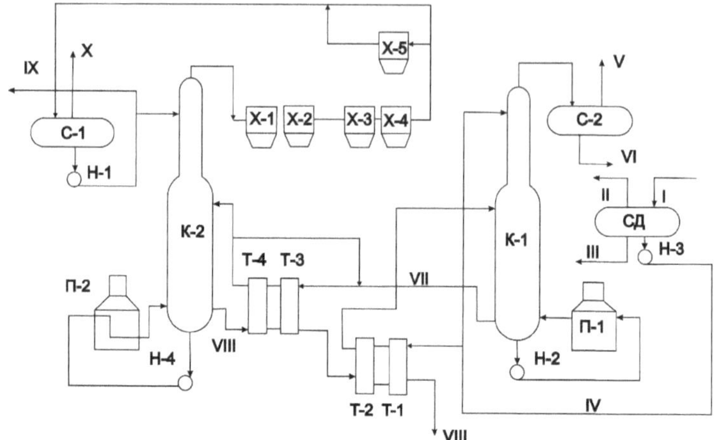

Figura 5. Esquema tecnológico da unidade de processamento de gás de Shurtan:

C-1, C-2, SD - separadores - separadores; X-1, X-2, X-3, X-4, X-5 - aparelhos de arrefecimento do ar; T-1, T-2, T-3, T-4 - permutadores de calor recuperativos; P-1, P-2 - fornos; K-1 - desetanizador; K-2 - debutanizador; H-1, H-2, H-3, H-4 - bombas; I - condensado *instável*; *II, V, X* - gás de desgaseificação; *II, VI* - mistura água-metanol; *IV* - condensado instável desgaseificado; *VII* - condensado desetanizado; *VIII* - condensado estável; *IX* - LGN.

A primeira USC, onde o processo de retificação é utilizado para obter condensado comercializável, foi colocada em funcionamento na central de Shurtan (Fig. 5.) [17].

O complexo é constituído por duas linhas de processo idênticas, incluindo unidades de desetanização e de desbutanização. O modo e as principais caraterísticas do equipamento USK são apresentados no quadro 7.

A matéria-prima para a unidade é o condensado instável parcialmente desgaseificado produzido nas unidades NTS do campo de condensado de gás Vuktylskoye.

Tabela 7.

Principais indicadores das colunas de retificação USK.

Indicadores	Colunas	
	К - 1	К - 2
Capacidade de produção de matéria-prima, m^3/h	300	200
Diâmetro da secção superior, *m*	1,8	1,8
Diâmetro da secção inferior, *m*	2,8	2,8
Altura da coluna, *m*	36	36
Número de placas na secção superior	14	14
Número de placas na secção inferior	26	26
Tipo de placa	Válvulas de dois estágios	
Pratos de catering (a contar de baixo para cima)	14	14
Pressão, *MPa*	2,1	2,1
Temperatura, ^{0}C		
topos restauração fundo	50 22 160	75 110 190

O condensado instável do campo entra no separador de entrada C-1 (Fig. 5.), onde é parcialmente desgaseificado a 1,6-1,7 MPa e 0-10 ° C. Ao mesmo tempo, a mistura metanol-água é sedimentada, que é descarregada do sistema.

A matéria-prima é introduzida no desetanizador em duas correntes: ~60% (wt.) é aquecida no permutador de calor T-1 a 10-30 °C e introduzida na coluna através da placa 14, e a segunda parte é alimentada na placa 22 como irrigação.

A temperatura no fundo do desetanizador é mantida pela circulação forçada de uma parte do líquido do cubo através do forno de combustão sem chama P-1.

O produto inferior da coluna K-1 é conduzido ao estabilizador K-2, onde é desbutanizado. A mistura vapor-gás descarregada do topo da coluna K-2 é arrefecida em condensadores-refrigeradores a ar até 40-60 ^{0}C e entra no tanque C-1. Esta composição do produto corresponde a uma grande fração de hidrocarbonetos (HFC) e é utilizada para a produção de gases liquefeitos de vários graus. O produto do cubo da coluna K-2 corresponde a um condensado estável com pressão de vapor saturado não superior a 66,65 kPa.

As composições médias do caudal das unidades de estabilização de condensados na unidade de processamento de condensados de gás de Shurtan são apresentadas no Quadro 8.

Tabela 8.

Composição média e número de fluxos de USC no GPP de Shurtan

Fluxos	Teor, % *(wt.)*						Rendimento das matérias-primas, % *(wt.)*
	N_2+CH_4	C_2H_6	C_3H_8	C_4H_{10}	C_5H_{12}	C_{6+}	
Condensado instável	2,62	5,97	12,70	13,17	2,11	63,43	100
Gás de separação	53,17	27,65	13,47	4,40	1,09	0,20	2,17
Gás de estabilização	16,92	59,43	20,55	2,78	0,32	-	8,67
LGN	-	1,42	44,97	52,91	0,70	-	18,57
Condensado estável	-	0,01	0,06	2,39	1,71	95,83	69,11

Para arrefecer o condensado estável e o produto de estabilização superior, foram instaladas unidades de arrefecimento do ar (AHE) do tipo AVZ-14, 6-25-B1-VZT/8-4-6 no primeiro e segundo USK em 1980 [19]. Cada AHE é constituída por seis secções, sendo a área da superfície externa e interna de permuta de calor de cada secção igual a 1250 e 65 m^2, respetivamente. Dimensões totais dos aparelhos: comprimento 6650 mm, largura 6230 mm, altura 5864 mm. A massa do aparelho é de 3965 kg. O motor do AHE tem uma velocidade de 250 rotações por minuto. O coeficiente de transferência de calor dos aparelhos arrefecidos a ar é de 110-160 W/(m^2deg). A temperatura do condensado estável devido ao arrefecimento no AHE é reduzida para 30-40 no verão e 12-20 ^{0}C no inverno

Como já foi referido, a separação da mistura de água e metanol da matéria-prima é efectuada no separador de entrada C-1. O teor residual da mistura de água e metanol no condensado instável à entrada da unidade pode atingir vários por cento da matéria-prima. A mineralização da água que entra na coluna juntamente com o condensado instável é de 50-55 g/l. Durante o funcionamento da USK, há uma acumulação periódica de sais no desetanizador, especialmente na sua parte inferior e nos tubos do forno. Isto leva à diminuição da transferência de calor e massa nas partes correspondentes da coluna.

Para combater a formação de depósitos de sal no desetanizador, é praticado o fornecimento de vapor de água com pressão de 3,26 MPa e temperatura de 250 °C sob a placa inferior da coluna. O vapor de água é fornecido, se necessário, durante 4-5 horas [18].

O vapor de água, juntamente com o vapor de hidrocarbonetos, sobe para o topo da coluna. Ao atingir os pratos superiores, o vapor de água condensa-se, a água flui para o fundo da coluna e é descarregada do cubo.

O processo é monitorizado pelo teor de sal no condensado aquoso descarregado do fundo da coluna. No período inicial, a concentração de sal no condensado aquoso é de 450 g/l, diminuindo depois gradualmente e, no final do ciclo, é de apenas alguns gramas por litro de solução[19].

É de notar que, na presença de vapor de água no sistema, a pressão parcial dos componentes leves libertados do condensado diminui, o que, por sua vez, proporciona uma redução do consumo de energia na unidade de desetanização.

Para reduzir os custos de energia, tentou-se alimentar o cubo do desetanizador com gás de extração quente [20].

A Fig. 6 mostra as curvas de dependência da carga térmica necessária no forno AOC em relação à quantidade de gás de remoção. Durante as experiências, o gás de extração foi aquecido a uma temperatura próxima da temperatura do fundo da coluna. A redução máxima da carga térmica no forno da coluna K-1 foi de 22%. Um aumento adicional da quantidade de gás de extração conduz a uma violação da estabilidade dos pratos da coluna.

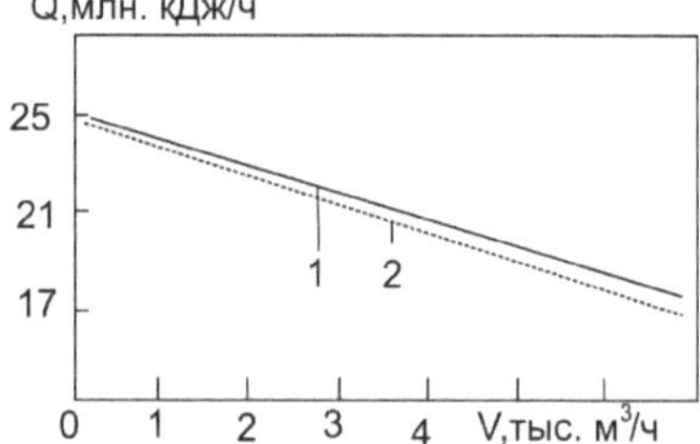

Fig. 6 - Dependência da carga térmica no forno Q da coluna K-1 em função do caudal de gás de extração *V*. *1* - calculado; *2* - experimental

A análise dos indicadores técnicos e económicos da USS que funciona segundo os esquemas de desgaseificação e retificação em várias fases foi realizada para a USS da fábrica de processamento de gás de Shurtan [17]. De acordo com o projeto inicial, estava previsto realizar o processo de estabilização de condensados por desgaseificação em 3 fases. Para extrair propano e hidrocarbonetos superiores dos gases de separação, previa-se a sua compressão com subsequente arrefecimento e condensação. A unidade produziu gás seco, condensado estável e LGN como produtos comercializáveis.

Em 1973, o esquema de conceção foi reconstruído para um esquema de retificação (Fig. 6). A estabilização do condensado utilizando o processo de retificação reduziu as perdas de condensado com gases de baixa pressão em quase 3 vezes.

A vantagem do esquema descrito é a sua baixa intensidade de metal e energia. A unidade fornece, a um custo mínimo, a produção de gás liquefeito e condensado estável que cumpre os requisitos das normas relevantes. O esquema da fábrica também é caracterizado pela recuperação de calor profundo do condensado estável.

As desvantagens deste regime são as seguintes:

(a) Baixo grau de recuperação de propano a partir de condensado instável (~70-75%). O arrastamento de hidrocarbonetos C_{3+} com gases de desgaseificação e desetanização é de 80-100 g/m^3;

b) dependência estrita do funcionamento do USC do desempenho do GTU. Isto é especialmente notório quando a temperatura do fluxo de condensado instável aumenta;

c) No caso de uma elevada saturação de gás do condensado instável utilizado como irrigação, é possível a formação de espuma no sistema, o que leva ao transporte de hidrocarbonetos pesados pelo gás de desetanização (sob a forma de névoa e líquido gotejante);

Como já foi referido, uma das principais caraterísticas do funcionamento do GPU e do GPP é a alteração da composição e da quantidade de matéria-prima ao longo do tempo (com uma diminuição da pressão do reservatório do campo). Por exemplo, após sete anos de funcionamento, o rendimento do condensado instável no campo de condensado de gás de Vuktylskoye diminuiu duas vezes. Consequentemente, a USC estava a funcionar a metade da sua capacidade projectada. Para manter o desempenho técnico e económico (TEP) do USK a um bom nível, a matéria-prima de outros campos pode ser alimentada ao USK. Na ausência de tal possibilidade, a FEA óptima pode ser alcançada pelos seguintes métodos:

(a) Alterando o esquema de conceção da USC. De acordo com o projeto, cerca de dois terços da matéria-prima passa através do permutador de calor recuperativo e entra na parte central da coluna, e o resto da matéria-prima, sob a forma de spray frio, é alimentado na placa superior.

É óbvio, no entanto, que durante o período de redução da quantidade de matéria-prima, todo o fluxo de condensado instável pode ser alimentado ao desetanizador num único fluxo (através do permutador de calor de recuperação). Neste caso, uma parte do condensado estável pré-arrefecido pelo fluxo de matéria-prima pode ser utilizada como irrigação do desetanizador. Este esquema aumentará ligeiramente os custos de funcionamento do USC, uma vez que será necessário um consumo de calor correspondente para arrefecer e regenerar o condensado estável utilizado como absorvente. No entanto, tal não estará relacionado com a introdução de capacidades adicionais para o fornecimento de calor ao USS, uma vez que a circulação de condensado estável (absorvente) no sistema será assegurada principalmente devido à utilização da capacidade subcarregada do USS.

A irrigação da coluna com condensado estável permite reduzir várias vezes a quantidade de propano arrastado pelo gás de desetanização;

b) transição para a tecnologia de absorção. Nos casos em que a quantidade de matéria-prima na USK é reduzida em 2 ou mais vezes, uma parte das suas cadeias tecnológicas (na central de Shurtan - uma cadeia) pode funcionar como unidade de absorção para o tratamento dos gases de desgaseificação e de desetanização. Neste caso, a coluna K-1 (ver Fig. 5) deve funcionar em modo AOC. O modo de funcionamento da segunda coluna será o mesmo que no esquema de projeto.

A eficiência destas USC pode ser melhorada através do fornecimento de um spray frio, sub-saturado com hidrocarbonetos leves, à placa superior do desetanizador. O spray frio pode ser obtido através do arrefecimento do gás de desetanização em ventiladores arrefecidos a ar (AVCs) ou numa unidade de refrigeração de propano. O arrefecimento do gás de desetanização com condensado instável da fase de separação a baixa temperatura da unidade NTS é também utilizado para obter a aspersão a frio.

Quando o USK está a funcionar no modo de projeto, o condensado instável é entregue ao USK a baixas temperaturas, pelo que o gás de desgaste tem uma temperatura 20-25 °C inferior à do gás de desetanização. Consequentemente, os gases de desgaseificação também podem ser utilizados para arrefecer os gases de desetanização e condensar parte dos seus hidrocarbonetos pesados;

c) Em caso de elevada saturação de gás na irrigação do desetanizador do USS que funciona de acordo com o esquema da Fig. 5, pode ser introduzido condensado estável na corrente de irrigação. 5 condensados estáveis podem ser introduzidos na corrente de irrigação. A quantidade deste último é escolhida de modo a que a mistura resultante seja sub-saturada no que respeita aos componentes leves (C_1-C_4). Também é possível utilizar condensado estável como uma segunda irrigação para o desetanizador.

3. Desempenho dos condensados de gás estáveis e sua transformação em carburantes.

Com o aumento da produção de gás natural no Usbequistão, está a aumentar o número de instalações de processamento, como a central de produção de gás natural de Mubarek, a central de produção de gás natural de Gazli, a Shurtangaz, a Uchkyr JU, etc: CPE de Mubarek, CPE de Gazli, Shurtangaz, Uchkyr JU, etc. A indústria do gás está bem desenvolvida na República, incluindo a perfuração de poços de gás, a extração, o processamento e o transporte de gás natural e de condensados de gás (GC.). No entanto, a petroquímica está subdesenvolvida (PA "Ferganaorgsintez"), e a indústria química do gás é representada apenas por uma oficina de conversão de metano com subsequente produção de amoníaco e ureia na PA "Elektrokhimprom" de Chirchik, que é parte integrante da utilização integrada do gás natural e dos seus componentes associados (etano, propano, butano, HC, mercaptanos de hélio, etc.). Devido à falta de processamento químico, uma parte significativa dos gases, hidrocarbonetos leves e gases ácidos é queimada, o que é inaceitável do ponto de vista ambiental.

O desenvolvimento da indústria química do gás é caracterizado por um consumo cada vez maior de matérias-primas de hidrocarbonetos, tão necessárias para a produção de polietileno, polipropileno e policloreto de vinilo, entre outros, como comprovado pela experiência de produção global.

Em relação ao nível de utilização dos hidrocarbonetos leves (C_1 - C_5), os países da CEI no seu conjunto estão muito aquém dos países estrangeiros avançados. Na nossa república, este atraso prejudica significativamente o desenvolvimento de uma série de sectores da economia nacional. As perspectivas económicas nacionais dependem, em particular, da energia e da química, que estão diretamente relacionadas com a disponibilidade e a utilização eficiente dos recursos orgânicos e minerais das matérias-primas. Para a satisfação das necessidades e o desenvolvimento de ramos separados da economia nacional da República, a transformação oxidativa de gás (CH_4) em formaldeído com a subsequente produção de hexametilentetramina e metanol é de grande interesse prático. A produção de ureia (ureia) e da melamina intermédia mais valiosa também depende diretamente da transformação química profunda do gás.

A matéria-prima mais valiosa para a síntese orgânica é o HC, um companheiro do gás natural (T = 308-338 K), que é separado por separação a baixas temperaturas. Ao mesmo tempo, o HC é condensado em quase todas as fases (recolha, tratamento, separação a baixa temperatura e dessulfuração) do processamento do gás natural (Esquema 1).

Esquema 1: Processamento de gás natural

Atualmente, mais de 2 milhões de toneladas/ano de HC são acumuladas nos campos do Uzbequistão, enviadas para Altyaryk NP3 para serem transformadas em combustível para motores ao abrigo do esquema de refinação de petróleo (irrigação direta da unidade de retificação atmosférica de petróleo). Na minha tese de mestrado proponho transformar o HC em combustível para motores e solvente para tintas diretamente na sua separação e estabilização do gás na unidade USK (esquema 2).

Esquema 2: Separação e estabilização do gás na unidade USK

O processamento anual de 450 mil toneladas de HC só na central de Shurtangaz produzirá 45 mil toneladas de solventes e 400 mil toneladas de combustíveis para motores, respetivamente. Com base no esquema existente de CCS e com a ajuda de alterações tecnológicas insignificantes, foi desenvolvido o método mais racional e eficaz de extração de HC do gás e o seu fracionamento de hidrocarbonetos para transformação química em semi-produtos. A julgar pelas caraterísticas físico-químicas (Fig.1), o HC de Shurtan contém uma quantidade significativa de hidrocarbonetos aromáticos (22-27%) e nafteno-parafinas (o resto).

Com base nos cálculos de engenharia térmica e na termodinâmica da separação da mistura azeotrópica de hidrocarbonetos sob pressão, foi determinado o modo tecnológico da unidade de retificação da unidade USK. Além disso, os solventes universais de materiais de pintura também são produzidos na USK de acordo com a tecnologia proposta (Fig. 7). Aqui está um esquema do processo:

- o condensado da primeira e segunda fases de separação da fração de 363-633 K (corrente 1), após aquecimento regenerativo no permutador de calor 1 e aquecimento no aquecedor 5, é evaporado uma vez no desgaseificador 7 a fase de vapor 308-393 K é alimentada ao desetanizador 10, e a fração líquida 393-633 K é novamente evaporada no desetanizador 8 com libertação da fração da fase de vapor 393-493 K, que, tendo condensado no permutador de calor 1, forma (fluxo III) o produto-alvo do solvente para pintura (HC-LSH 393/493);

- O condensado do separador de baixa temperatura da fração de 308-453 K (fluxo II), aquecido regenerativamente nos permutadores de calor 4 e 2, é fornecido ao desetanizador 10, onde são removidos os hidrocarbonetos até C_3; além disso, se estiver presente sulfureto de hidrogénio, é fornecido ao depurador 11, onde são removidos os hidrocarbonetos até C_5; do depurador 11, o condensado após aquecimento no aquecedor 3 vai para o desgaseificador 9 para evaporação única, onde a fase de vapor 308-413 K é libertada, e a fase líquida 413-453 K (fluxo IV) é o produto alvo - solvente de materiais de pintura. (GC-LCM 413-453).

O fornecimento separado de condensado das fases de separação para estabilização permite obter por evaporação única solventes de pintura do tipo conhecido "White spirit" (413-453 K - hidrocarbonetos alifáticos) e Solvent (393-493 K - mistura de hidrocarbonetos com o conteúdo de 30-40% de aromáticos)[25]

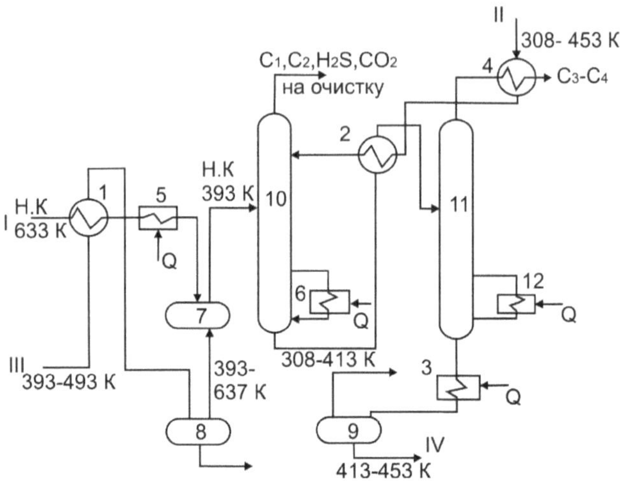

Fig. 7. Esquema tecnológico de obtenção dos solventes GC-LCM 393/493 e GC-LCM 413/453.

1,2,4 permutadores de calor, 5,3,6,12 aquecedores, 7,8,9 desgaseificadores,

10-de-etanizador, 11-debutanizador.

Ajustando o modo de fornecimento de gás bruto, a pressão, a temperatura de vaporização e de condensação dos hidrocarbonetos, é possível obter uma grande fração de hidrocarbonetos leves (matéria-prima para a obtenção de intermediários de nitrilos, compostos insaturados), uma fração estreita de hidrocarbonetos (produto para a oxidação catalítica em fase gasosa em compostos contendo oxigénio) e fracções pesadas de HC (matéria-prima para a obtenção de sulfonamidas e oxiácidos) [26]. Esta tecnologia não exclui a produção de combustíveis para motores (A-80, A-91 e gasóleo de verão). Assim, juntamente com a transformação do HC em combustível, é necessário desenvolver o campo da sua transformação química em intermediários funcionalmente activos, bem como a utilização promissora do HC como componente de matéria-prima nos processos de reforma, craqueamento e pirólise. Isto torna possível obter componentes de combustível ou olefinas de baixo peso molecular (etileno, propileno e butileno) e hidrocarbonetos aromáticos, que são matérias-primas para a petroquímica. A transformação química dos HC em diversos produtos intermédios e materiais é igualmente relevante devido à redução constante do stock mundial de substâncias combustíveis (petróleo, gás, etc.). É irracional e incorreto satisfazer a procura de combustível à custa de misturas de hidrocarbonetos naturais clarificados (em particular, HC).

Existem recomendações para a preparação de tensioactivos aniónicos [27] e para a extração de alquilbenzenos de HA [31]. Foi estudada a cloromegilação de alquilbenzenos em fracções para a separação de derivados clorometilados individuais da série homológica do benzeno. Trata-se de uma reação conjugada que ocorre em meio ácido com substituição electrofílica de um grupo metileno. Após condensação em ácido clorídrico, os hidrocarbonetos aromáticos são simultaneamente metilados e clorados. A cinética do mecanismo de reação e a formação de compostos isoméricos de cloreto de benzilo foram investigadas.

Com base na experiência de clorometilação de homólogos de benzeno clorometilados GC "Shurtan" contendo 27,4% de hidrocarbonetos aromáticos, 18,8 - nafténicos, 53,8 - alifáticos, foi desenvolvida a tecnologia de obtenção de "Clorometilato" e "Concentrado" de cloretos de alquilbenzeno-zilo. A partir do "Concentrado" foram obtidos vários clorometilpro-derivados de alquilbenzenos e, com base neles, foram sintetizados vários tensioactivos e modificados polímeros solúveis em água [35]. Foram obtidas substâncias hidrotrópicas altamente eficazes à base de hidrocarbonetos HA e foram elucidadas as regularidades da sua influência nas propriedades químicas coloidais de soluções concentradas de tensioactivos e detergentes sintéticos (CMC). Foram também propostos métodos de regulação das propriedades da CMC através da adição de substâncias hidrotrópicas sintéticas [36].

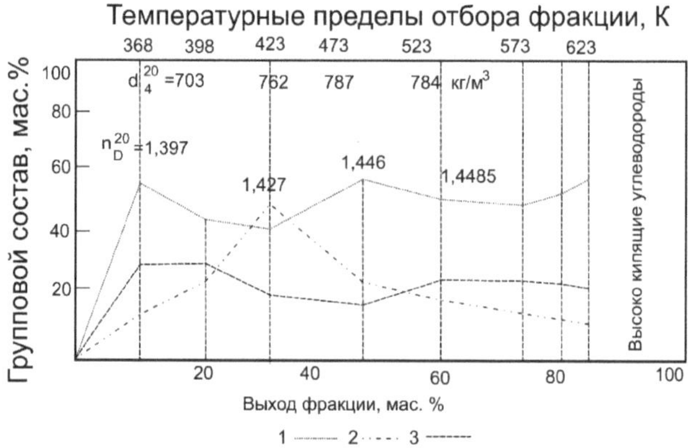

Fig. 8. Caracterização da composição do condensado de gás do campo de Shurtan.

1 - hidrocarbonetos parafínicos, 2 - hidrocarbonetos aromáticos, 3 - hidrocarbonetos nafténicos.

Foi sintetizada e desenvolvida a tecnologia de novos tensioactivos catiónicos bisquaternários a partir de dicloretos de alquilbenzilo e de várias aminas terciárias. Foram estudadas as suas propriedades físico-químicas e tensoactivas e foram propostas formas de utilização [37]. Um tensioativo com o nome convencional "G-9" foi sintetizado [38] a partir de HA e estudado. Foi sintetizado [38] a partir de HA e estudadas as possibilidades da sua utilização como inibidor da corrosão do aço. Foi sintetizado um aditivo antimicrobiano a partir de uma mistura de aminas alifáticas com grupos amino em átomos de hidrocarbonetos primários e secundários C_9 - C_{14}. Verificou-se que a introdução do aditivo na quantidade de 0,1% aumenta a bioestabilidade dos combustíveis para aviação. Possui também propriedades antioxidantes e anticorrosivas. Tal como os hidrocarbonetos contidos nas fracções com elevado teor de HC, as fracções parafínicas do petróleo bruto são utilizadas há muito tempo para produzir tensioactivos do tipo sulfanol. Num caso bem conhecido, os sulfonatos de alquilarilo foram obtidos a partir do clorocereno por sulfinação.

No entanto, os métodos acima referidos de utilização química do AH não são amplamente utilizados, embora alguns resultados da investigação científica sejam de interesse prático. A investigação neste sentido está a ser intensamente desenvolvida. O seu objetivo é criar um método simples e racional de processamento, e os produtos finais devem ser amplamente utilizados na economia nacional. Deste ponto de vista, o método oxidativo é, na nossa opinião, o mais aceitável. Nas nossas experiências, a fração leve (338-448 K) foi submetida a uma oxidação em fase gasosa [41] e a fração parafínica (433-513 K) a uma oxidação em fase líquida [42]. =Os oxidados foram obtidos a partir de hidrocarbonetos leves de HA com df=766kg/m^3, p^{20} 1,4734 com compostos funcionais, bem como ácidos (52,2 mgCON/g), álcoois (43,4) e aldeídos (21,8). A capacidade de fabrico do processo é ilustrada numa instalação modelo para a oxidação de hidrocarbonetos HC (Esquema 3.) [43].

Gases de desetanização, desbutanização e fracções leves de hidrocarbonetos HC foram sujeitos a amonólise oxidativa para obter intermediários para surfactantes e HRP [44]. Em catalisadores de processos conjugados contendo óxidos de molibdénio, níquel, titânio, cobalto e crómio em suporte de óxido de alumínio, sob pressão de amoníaco de 10-20 atm a 623-773 K, a conversão de hidrocarbonetos pela soma de compostos contendo azoto (nitrilas, amidas, imidas, etc.) atinge 30-45 % [45].

Os dados fornecidos atestam que a partir de gases e hidrocarbonetos de HC na amonólise conjugada e oxidativa, e também na clorometilação dos seus alquilbenzenos, são formados intermediários funcionais activos valiosos para a obtenção de uma série de produtos químicos (tensioactivos, surfactantes, materiais de pintura, solventes, plastificantes, etc.). Com base nos dados fornecidos, bem como na experiência de produções petroquímicas, recomenda-se como o esquema combustível-gás-químico mais conveniente de utilização complexa de HC (esquema 4).

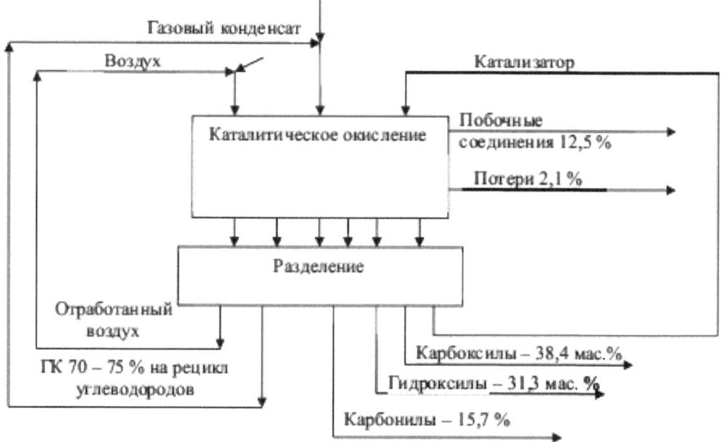

Esquema 3: O processo tecnológico é ilustrado numa instalação modelo para a oxidação de hidrocarbonetos HC.

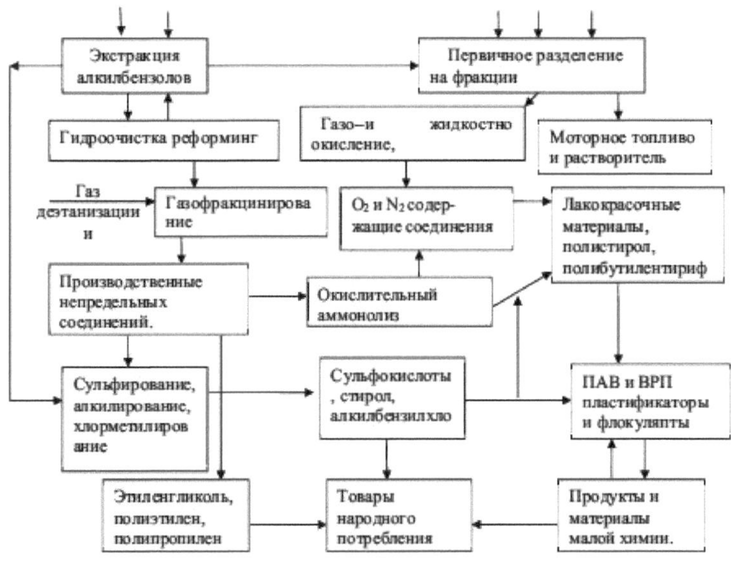

Esquema 4: Condensado de gás estável.

O esquema 4 pressupõe a presença de reacções separadas ainda não desenvolvidas, mas o complexo de questões relacionadas com a criação de uma tecnologia ecológica sem resíduos permite a sua introdução no processo [46].

CONCLUSÕES DO CAPÍTULO I

Juntamente com a aplicação do gás natural e do condensado de gás como combustível, é necessário desenvolver a direção da sua utilização química complexa. Em particular, nos campos de Shurtan e Muborek, incluindo uma fábrica de processamento de gás, existem todas as condições para a criação de um complexo químico de gás, que contribuirá não só para o desenvolvimento significativo da economia, mas também para a melhoria da situação social e ambiental na região.

CAPÍTULO II. DESENVOLVIMENTO DA TECNOLOGIA DE UM PROCESSO EFICAZ DE ESTABILIZAÇÃO DAS PROPRIEDADES DOS CONDENSADOS DE GÁS. (PRINCIPAIS RESULTADOS E SUA DISCUSSÃO)

1.Objeto e métodos do estudo.

O Usbequistão é o sétimo país produtor de gás no mundo e o volume de produção e processamento de gás ultrapassou os 60 mil milhões de m^3/ano. Dos campos explorados, mais de 60 por cento são campos de condensados de gás. Em cinco grandes empresas de transformação de gás da UZGEONEFTEGAZDOBYCHA OJSC, o condensado de gás é atribuído a refinarias de petróleo para transformação em combustível para motores.

O condensado de gás é um hidrocarboneto do gás natural, condensado a partir de (C_1-C_4) em condições normais com um ponto de ebulição inicial de 35-45°C e um ponto de ebulição final de 360-410°C, constituído pela soma de vários hidrocarbonetos (C_3-C_{30}) com composição de grupo:

Parafina	- 28-60%
Nafténico	- 25-45%
Aromático	- 47-37%

As caraterísticas físicas e químicas dos condensados determinam as suas propriedades comercializáveis.

Para avaliar a possibilidade de obter classes separadas de carburantes a partir de condensados, a sua classificação tecnológica unificada é estabelecida de acordo com a norma industrial OST 51.56-79 [21]. De acordo com esta classificação, os condensados são analisados segundo os seguintes parâmetros: pressão de vapor saturado, teor de enxofre, composição fraccionada, teor de hidrocarbonetos aromáticos e parafinas, ponto de fluidez.

Os condensados são subdivididos em três classes com base no seu teor total de enxofre:

I - condensados sem enxofre e com baixo teor de enxofre, cuja fração mássica de enxofre total não exceda 0,05 %. Estes condensados não necessitam de purificação de compostos de enxofre;

II - sulfurosos com teor total de enxofre de 0,05 a 0,8 %. A necessidade de purificação dos condensados desta classe e das suas fracções destiladas em cada caso específico é decidida em função dos requisitos iniciais;

III - condensados com alto teor de enxofre, com teor total de enxofre acima de 0,80 %. É obrigatória a inclusão de uma unidade de sulfurização no processamento desses condensados.

Com base na fração mássica de hidrocarbonetos aromáticos nos condensados de gás, estes são divididos em três tipos: A_1, A_2 e A_3. Os tipos A_1, A_2 e A_3 incluem condensados que contêm mais de 20, 15-20 e menos de 15 por cento de hidrocarbonetos aromáticos, respetivamente.

Os condensados de gás dividem-se em quatro tipos - H_1, H_2, H_3 e H_4 - de acordo com o teor de hidrocarbonetos alcanos da série normal na fração com ponto de ebulição superior a 200°C e a possibilidade de obter combustível para motores a jato, gasóleo de inverno e parafinas líquidas:

H_1 - altamente parafínico, na fração com ponto de ebulição de 200-320 °C o teor de agentes complexantes não é inferior a 25% (em peso). A partir destes condensados é possível obter n-alcanos líquidos, combustível para motores a jato e gasóleo através do processo de desparafinagem;

H_2 são parafínicos, a fração de 200-320 °C contém 18-25% (wt.) de agentes complexantes;

H_3 são pouco parafínicos, o teor de agentes complexantes na fração de 200-320°C é de 12-18% (wt.);

H_4 - sem parafina, teor de agentes complexantes na fração diesel - inferior a 12% (peso).

Os condensados são subdivididos em três grupos por composição fraccionada - F_1, F_2 e F_3:

F_1 - Condensados de composição fraccionada ligeira, contendo fracções de gasolina não inferiores a 80% (em peso), que destilam a uma temperatura não superior a 250 °C;

F_2 - condensados de composição fraccionada intermédia que entram em ebulição no intervalo de temperatura de 250-320 °C;

F_3 - condensados com ebulição superior a 320°C.

Assim, para o condensado de gás é estabelecido um código de caraterística tecnológica, que é utilizado para determinar a direção conveniente do seu processamento. Por exemplo, o condensado do campo de Shurtanskoye é designado pelo código $IA_3N_1F_3$. Os símbolos nele incluídos são descodificados da seguinte forma:

I - classe: o teor de enxofre total no condensado não é superior a 0,05% (peso); A_3 - tipo de condensado: o teor de hidrocarbonetos aromáticos é inferior a 15% (peso); H, - tipo: condensado altamente parafínico, na fração 200-320 °C o teor de agentes complexantes é superior a 25% (peso); F_3 - a temperatura final de ebulição é superior a 320 °C.

O objeto do estudo é o condensado de gás (GC) do campo de Shurtan - uma mistura clarificada de hidrocarbonetos naturais que acompanham o gás natural (solução vapor-gás). O GC difere do petróleo na sua natureza, composição e aparência.

Consideremos as propriedades físicas e químicas do condensado de gás de Shurtan (Quadro 9).

Tabela 9.

Caraterísticas físicas e químicas do condensado de gás de Shurtan

Fração, K	Rendimento, %	Composição do grupo de hidrocarbonetos, % wt %.			Densidade específica g/cm 3	Índice de refração, η_D^{20}
		Metano	Nafta-Nova	Aromatico		
338-363	9,3	58,4	21,8	19,8	0,637	1,3615
Continuação do quadro 5						
363	26,8	41,5	32,7	25,8	0,693	1,4312
393-423	33,1	39,0	20,7	40,3	0,732	1,4327
423-448	16,6	62,0	5,5	32,3	0,753	1,4454
448-473	12,8	52,0	20,1	27,4	0,758	1,4622
473-498	8,7	49,5	21,0	28,5	0,774	1,4525

Na República, em 2022-2023, foram produzidos 4,5-6,0 milhões de toneladas de condensado de gás e, nos anos seguintes, com o aumento da produção de gás natural, espera-se que aumente. Este facto levanta a questão de uma utilização mais racional e, portanto, eficaz, não só como transformação em combustível para motores, mas também como matéria-prima de hidrocarbonetos químicos.

Estão atualmente em funcionamento várias instalações de processamento de gás (Mubarek, Shurtan, Uchkir, Gazlinsk, Kokdumalak e outras). Nestas instalações, o condensado de gás é separado, estabilizado e enviado para a refinaria para ser transformado em combustível para motores no âmbito do regime de refinação de petróleo.

Ao mesmo tempo, consideremos as propriedades dos condensados de gás individuais dos campos de gás explorados.

Quadro 10

Caracterização dos condensados de gás de um certo número de condensados de gás campos do Uzbequistão

№	Depósito	Volume de produção para 1998 milhares de toneladas	Propriedades físico-químicas		Composição dos grupos de hidrocarbonetos		
			η_D^{20}	g/cm^3	Aromatico	Nafta-Nova	Parafi-novo
1	Mubarek (norte)	510	1,4274	0,728	8,8	29,1	62,1
2	Kokduma-Lak	1910	1,4392	0,768	12	15	73
3		140	1,4486	0,787	24,2	36,7	39,1
4	Ghazli	60	1,4460	0,765	32	23	45
5	Mubarek (sul)	210	1,4281	0,735	10	32	58
6		930	1,4417	0,762	29	22	49
Total		**3,760 toneladas.**					

Como se pode ver na Tabela 10, os condensados de gás diferem tanto na qualidade como no rendimento em termos de propriedades físicas e químicas e composição de grupos de hidrocarbonetos e fracções.

d_4^{20} η_D^{20} Assim, mostramos o ponto de ebulição verdadeiro (BTP), as propriedades físico-químicas (e), as distribuições moleculares (MR) da seleção em massa das fracções de hidrocarbonetos do condensado de gás (Fig. 9.). d_4^{20} η_4^{20}Como se pode ver na Fig. 9, o ITC e a MR destas fracções descrevem curvas caraterísticas. Isto significa que o condensado de gás do campo de Kokdumalak é constituído por (20-40% em peso) de gasolina, (25-40%) de parafina e (10-20% em peso) de combustíveis diesel, e também contém até 4% em peso de fracções residuais contendo óleos, asfaltenos e substâncias resinosas.

Comparando os indicadores dos condensados de gás amplamente explorados dos campos de Shurtan, Mubarek e Zevardinskoye, é necessário salientar a sua compatibilidade fraccionada com o Kokdumalak, uma vez que atualmente são obtidos vários tipos de carburantes a partir deste.

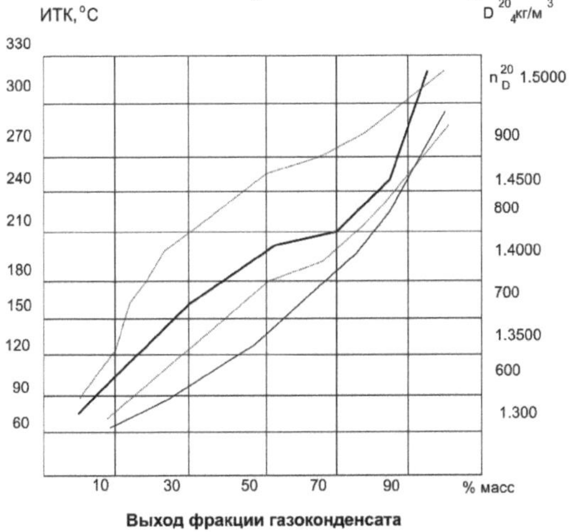

Fig. *9. Dependência dos pontos de ebulição verdadeiros (TBC) e das propriedades físico-químicas da massa das fracções de amostragem do condensado de gás de Kokdumalak.*

As propriedades dos condensados (Quadro 10) foram determinadas por métodos normalizados, composição do grupo de hidrocarbonetos - por pontos máximos de anilina, a destilação foi efectuada num aparelho ARN-2. Todos os condensados são caracterizados por um baixo ponto de fluidez (inferior a 60°C) e ponto de inflamação (25°C e inferior). A composição fraccionada dos condensados de gás também é diferente.

De acordo com a composição do grupo de hidrocarbonetos (Tabela 14), os condensados estudados podem ser divididos em 2 grupos: Grupo 1 - condensados ricos em hidrocarbonetos aromáticos (Gazli, Uchkir); Grupo 2 - condensados com baixo teor de hidrocarbonetos aromáticos e alto teor de hidrocarbonetos parafínicos (South Mubarek). O teor de hidrocarbonetos aromáticos na parte petrolífera dos condensados de diferentes campos varia nos seguintes intervalos: Gazli - 29%; Uchkir - 34%; em condensados de outros campos - 6-8%. Os condensados do segundo grupo têm um carácter parafínico muito acentuado, nas suas fracções de gasolina 60-75% são hidrocarbonetos parafínicos.

2. Métodos de análise e descrição da bancada de laboratório.

Para obter o Shurtan HC estável utilizámos uma unidade de laboratório - aparelho de retificação de óleo (ARN-2), que foi concebido para a destilação de óleo, produtos petrolíferos e condensados de gás à temperatura de 743:773 K (GOST 11011-85), a fim de estabelecer o conteúdo dos indicadores para a construção de curvas de pontos de ebulição verdadeiros na destilação de hidrocarbonetos, bem como para obter fracções e estabelecer a sua composição de hidrocarbonetos de grupo.

A coluna de retificação (9) (Fig. 10) é a parte principal do aparelho. A coluna é um tubo de aço inoxidável. O diâmetro interior da coluna é de 50 mm. A altura é de 1016 cm. A coluna tem um aquecedor elétrico no exterior. Na parte inferior da coluna há uma grelha, sobre a qual é vertido o bocal, no início grande (até à altura de 80-110 mm), que são secções de espiral de fio de nicrómio com diâmetro de 0,5 mm, o diâmetro do enrolamento em espiral é de 6 mm, a altura da secção é de

12 mm. O resto da coluna é preenchido com um bocal semelhante com um diâmetro interno de enrolamento em espiral de 3 mm e altura de 6 mm.

A temperatura na coluna de retificação é medida utilizando termopares em 3 pontos (superior, médio e inferior). A temperatura é registada no diagrama do potenciómetro KSP-2-028. Para obter solventes para a engenharia mecânica na fábrica piloto, pesou-se HC estável e verteu-se num cubo através da garganta na quantidade de 3 litros e ligou-se à coluna.

A água é ligada ao refrigerador (5) e o gelo é carregado na camisa (8) do recetor (9). Antes de iniciar a retificação, todas as torneiras são lubrificadas com massa de vácuo. As torneiras do coletor são colocadas nas posições: torneira A-1,2, 4; torneira B-5,7; a torneira B está aberta, a torneira D está fechada, a torneira G e a pinça devem estar abertas. A torneira D é fechada até se estabelecer o equilíbrio na coluna (9). O sinal de equilíbrio é a cessação das flutuações de pressão determinadas pelo manómetro diferencial. Em seguida, abre-se a torneira D e inicia-se a extração da fração.

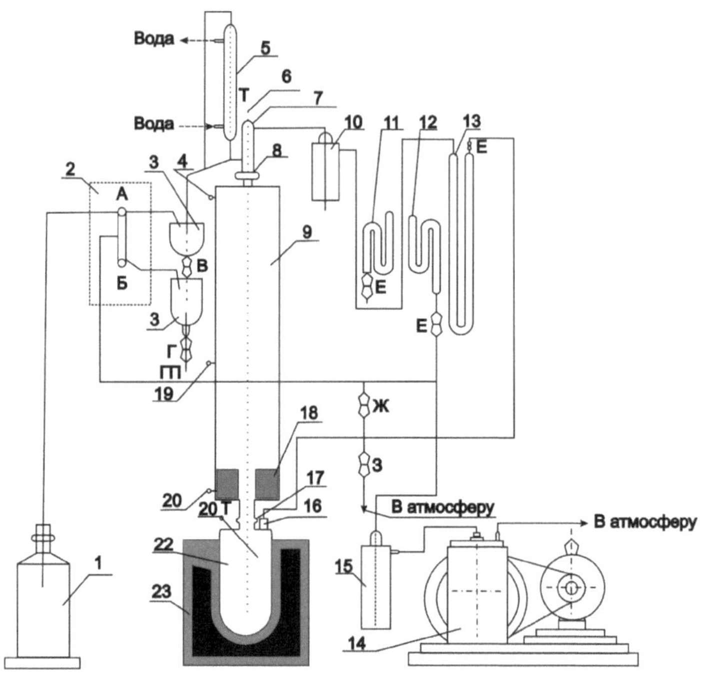

Fig. 10. Esquema tecnológico principal do aparelho aparelho de retificação de óleo (ARN-2)

1-tanque tampão; 2-manifold; 3-receptores; 4, 6, 19, 20, 21-termopares; 5-refrigerador; 7-condensador; 8, 17-porcas; 9-coluna de retificação; 10, 15-armadilhas; 11, 12- vacuómetros de mercúrio; 13-manómetro diferencial; 14-bomba de vácuo; 16-tubo; 18- grelha; 22- cubo; 23- forno; A- torneira de três vias; B- torneira de meia-lua; C, D, D, G, E- torneiras; 3- torneira (pinça).

A retificação do HA estável foi efectuada a uma taxa de 3-4 cm^3/min, a taxa foi monitorizada por um cronómetro e pela medição do volume de destilado nos recipientes.

Os métodos de análise e ensaio para o condensado de gás (GC), solventes e organodispersões foram inter-relacionados a partir das seguintes normas e especificações:

1. Produtos petrolíferos. Determinação da densidade GOST 3900-85.

2. Produtos petrolíferos. Determinação da viscosidade condicional GOST 6258-85.

3. produtos petrolíferos. Determinação do número de acidez GOST 5985-79.

4. Produtos petrolíferos. Luz. Método de determinação da cor GOST 2667-82.

5. Produtos petrolíferos. Luz. Método de determinação em escala iodométrica GOST 19266-79.

6. Produtos petrolíferos. Método para determinação da volatilidade GOST 12026-76.

7. Petróleo bruto e produtos petrolíferos. Método para a determinação da composição fraccionada no aparelho ARN-2 GOST 11011-85.

8. Produtos petrolíferos ligeiros. Método para a determinação de hidrocarbonetos aromáticos GOST 6994-74.

9. Produtos petrolíferos. Método para a determinação do ponto de inflamação em cadinho fechado GOST 6356-75.

10. Produtos petrolíferos e solventes de hidrocarbonetos. Método para determinação do ponto de anilina e hidrocarbonetos aromáticos GOST 12329-77.

11. produtos petrolíferos. Método de determinação do teor de enxofre por combustão numa lâmpada GOST 19121-73.

12) Combustível para motores. Método de ensaio numa placa de cobre. GOST 6321-69.

13. Produtos petrolíferos. Método para determinar a presença de ácidos e álcalis solúveis em água GOST 6307-75.

Para determinar a qualidade dos HC, é necessário dividi-los em não estabilizados (matéria-prima) e estabilizados (matéria-prima química ou combustível) [28]. Quando os condensados instáveis são utilizados como matéria-prima para a produção de combustível e produtos químicos, é necessária a estabilização das propriedades e da composição - desetanização, desbutanização [29] e separação a baixa temperatura (LTS) [30], bem como a separação por absorção-dessorção de hidrocarbonetos leves [32]. O esquema de separação de HC e gás natural do campo utilizando os processos de evaporação e condensação ou retificação de hidrocarbonetos com separação de HC estáveis [33] foi dominado e operado nas instalações

Tabela 11.

As caraterísticas físico-químicas das fracções de condensado de gás local são apresentadas a seguir

Fração, GC, °K	Rendimento da fração no final do gás, %	Composição de grupos de hidrocarbonetos de Kokdumalak GC, % em peso %.			Específico d_4^{20}	Índice de refração n^{20}_D
		meta-notícias	nafténico	aromático		
338-363	9,3	58,4	21,8	19,8	714,0	1,4215
363-393	26,8	41,5	32,7	25,8	723,2	1,4312
393-423	33,1	39,0	20,7	40,3	752,5	1,4327
423-448	16,6	62,0	5,5	32,3	753,8	1,4454
448-473	12,8	52,0	20,1	27,9	758,4	1,4622
473-498	8,7	49,5	21,0	28,5	774,1	1,4525
Indicadores de fração da CG Gazlinsky						

338-448	74,8	50,4	21,8	27,8	739,0	1,4385
433-513	20,6	59,1	19,5	21,8	768,7	1,4694
Indicadores de Shurtan GC						
363-448	41,2	51,2	21,1	27,7	741,1	1,4394
448-513	17,8	52,2	19,1	28,7	773,5	1,4715

Prem..: *-O resíduo no balão e as perdas na destilação não foram considerados aqui.

Do que precede resulta que o HC com uma purificação e fracionamento insignificantes satisfaz os requisitos dos hidrocarbonetos alifáticos utilizados na produção de combustíveis como matéria-prima.

A tabela 12 descreve os parâmetros do condensado de gás estável após a estabilização.

Quadro 12

Fração, $(^0)$C	Rendimento da fração no final do gás, %	Composição do grupo de hidrocarbonetos, % wt %.			Densidade específica kg/m(3 D_4^{20}	Índice de refração n^{20}_D
		meta-notícias	nafténico	aromático		
65-90	9,3	58,4	21,8	19,8	637,1	1,3615
90-120	26,8	41,5	32,7	28,8	639,1	1,4314
120-150	33,1	39,0	20,7	40,3	732,5	1,4327
150-175	16,6	62,0	5,5	32,3	733,8	1,4454
175-200	12,8	52,0	20,0	27,0	758,4	1,4622
200-225	8,7	49,5	21,0	28,5	774,0	1,4525

Composição de grupos de hidrocarbonetos no campo de condensado de gás de Shurtan (Tabela 13).

Quadro 13

№	Indicador	NK-95 °S	95-125 °C	125-150 °C	150-200 °C	NK-200 °C
1	Saída de condensado de gás	9,2	11,4	10,1	16,1	46,7
2	Índice de refração, n^{20}	1,3970	1,4270	1,4460	1,4412	1,4315
3	Densidade d_{20}	0,7031	0,7625	0,7876	0,7836	0,7647
4	-aromático	12,6	27,0	43,7	23,8	26,6
5	-nafténico	29,0	31,5	17,3	14,0	20,6
6	-parafínico	58,4	41,5	39,0	62,2	52,0
Dos quais:						
7	Estrutura normal	22,3	17,1	13,4	25,1	20,1
8	Estrutura isomérica	36,1	24,4	25,6	37,1	31,8

O semi-produto mais conveniente para a produção de gasolina simples é o condensado de gás dos campos de gás natural de Shurtan e Mubarak[34]. O semi-produto mais conveniente para a produção de gasolina simples é o condensado de gás dos campos de gás natural de Shurtan e Mubarak.

3. Tecnologia de estabilização de matérias-primas de condensados de gás

A estabilização de condensados com enxofre é efectuada de acordo com esquemas semelhantes aos esquemas das unidades de estabilização de condensados sem enxofre. A diferença entre os sistemas das unidades de estabilização de condensados sem enxofre e com enxofre está na conceção do hardware e nos parâmetros do regime. Além disso, ao estabilizar condensados sulfurosos, devem ser inibidas unidades separadas da unidade para controlo da corrosão.

Atualmente, as maiores unidades de estabilização de condensados ácidos são exploradas nas UDPP de Mubarek e Shurtan[36-37].

As unidades de estabilização do USK incluem a pré-desgaseificação da matéria-prima seguida da sua estabilização numa coluna de retificação. As principais diferenças entre as unidades de estabilização nas diferentes fases do GPP estão relacionadas com o processamento de fluxos de gás separados do condensado instável.

Análise do funcionamento do USK-1. A desmetanização preliminar do condensado é efectuada no aparelho B01 (Fig. 10 a). Os gases de separação são combinados com os gases de desgaseificação das soluções de amina das unidades de dessulfuração e fluem num único fluxo para o absorvedor de C02 para purificação dos componentes ácidos. O gás purificado é utilizado na rede de combustível.

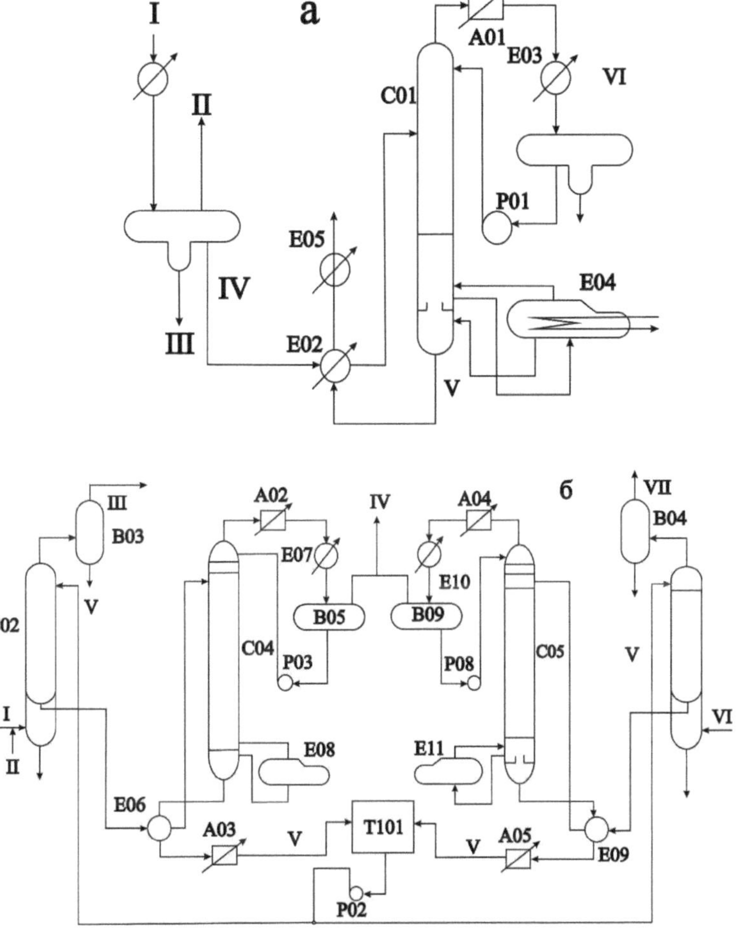

Figura 10. Diagrama do circuito do USK-1:

(a) Unidade de estabilização:

C01 - debutanizador, B01 - separador trifásico; B02 - tanque de irrigação; E01 - frigorífico, E02 - permutador de calor regenerativo; EOZ, E05 - refrigeradores de água; A01 - refrigerador de ar, E04 - evaporador, P01 - bomba, I - condensado instável; II - gás de desgaseificação; III - água ácida, IV - condensado , V - condensado estável; VI - gás de estabilização.

b) unidade de purificação do gás de estabilização:

C02, POP - absorvedores, C04, C05 - dessorvedores, WHO, B04 - separadores; B05, B09 - tanques de irrigação; A02, AOZ, A04, A05 - aparelhos de refrigeração de ar, E07, EY - refrigeradores de água, EOS, E09 - permutador de calor regenerativo; E08, EP-evaporadores, T101 - tanque de recolha, P02, ROZ, P08 - bombas, I - gás de desgaseificação para B01 (Fig. 10, a), II - gás de expansão da solução saturada de amina; III - gás combustível; IV - gases ácidos para a unidade de produção de enxofre gasoso, V - solução regenerada de amina, VI - gás de estabilização para purificação a partir de B02 (ver Fig. 10, a); VII - gás de estabilização purificado para processamento.

Tabela 14

Caraterísticas dos separadores, desgaseificadores e tanques de irrigação USK-1

Posição na Fig. 10	Estimativa parâmetros.		Diâmetro, m	Altura (comprimento), m	Volume, m^3	Posição na Fig. 10	Estimativa parâmetros		Diâmetro, m	Altura (comprimento), m	Volume, m^3
	P, MPa	*T, ^0C*					*P, MPa*	*T, ^0C*			
B01	4,59	20	3,0	11,0	69,0	B04	6,63	7	1,6	5,0	6,0
B02	6,12	12	2,4	4,6	27,9	B05	5,61	4	1,4	4,0	5,3

OZ	6, 6 3	7	1, 4	4,6	45, 0	B09	5, 61	4	1, 4	4,0	5,3

Tabela 15.

Caraterísticas das colunas USK-1

Posições de acordo com a Fig. 2.2.1	Diâmetro, m	Altura, m	Número de placas	Tipo de placa	Modo de projeto		
					P, MPa	Temperatura, "C		
						restauração	topos	Niza
C01	3,2	24,5	19	Válvula	0,76	- 10	67	167
C02	2,2	23	20	2 fluxos	45	50	50	59
POP	2,0	23	20		0,62	45	50	59
C04	2,2	25	21	Tampas	0,12	105	10	130
C05	2,2	25	21		0,12	105	110	130

A desbutanização dos condensados é efectuada na coluna C01, que dispõe de 19 placas de válvulas de duplo fluxo. O gás de estabilização do condensado do topo do tanque de irrigação B02 é descarregado para tratamento de componentes ácidos.

As caraterísticas do equipamento principal do USK-1 são apresentadas nos quadros 14, 15 e 16, e os indicadores da unidade de estabilização são apresentados no quadro 17.

Há flutuações significativas na quantidade de condensado instável processado e no rendimento de gás de desgaseificação nas unidades, o que também é evidenciado por mudanças no rendimento específico de gases de estabilização por 1 m[(3)] [de] condensado estável.

Tabela 16.

Indicadores de permutadores de calor USK-1

Posições na fig. 10	Quantidade	*F*, m^2	Tubo espaço		Espaço intertubos		Térmica carga, *milhões de kJ/h*
			P, MPa	*T, °C*	*P, MPa*	*T, °C*	
E01	1	55,8	4,08	35	0,61	206	15,38

E02	2	372	2,04	105	1,33	205	44,83
EOZ	1	450	0,51	55	1,22	65	5,14
E04	2	321	4,48	240	1,33	205	55,56
EO5	1	212	0,51	55	1,33	70	1,85
EO6	2	292	0,71	120	0,49	135	31,67
EO7	1	67	0,51	55	0,41	75	0,63
EO8	1	515	0,61	200	0,51	140	44,92
EO9	2	292	0,51	120	0,49	145	31,67
E10	1	67	0,61	55	0,41	75	0,63
E11	1	515	0,61	200	0,51	143	44,92

Para assegurar a remoção completa do sulfureto de hidrogénio do condensado, o projeto previa a manutenção da temperatura do fundo do estabilizador a 165-170 °C. Nesse regime, o teor de pentano nos gases de estabilização era permitido em cerca de 9%. Durante o período do estudo, a temperatura no fundo da coluna C01 foi mantida a cerca de 140°C. Este regime permite uma purificação quase completa do condensado de sulfureto de hidrogénio. No entanto, o teor de butanos no condensado foi ligeiramente superior ao projetado, além disso, o condensado comercial continha até 0,2% de propano. Apesar disso, a pressão de vapor saturado do condensado estável não excede o nível projetado de -66,7 kPa.

O aumento da temperatura do fundo da coluna de CO1 em 10-15 graus asseguraria a separação completa do propano e uma recuperação mais profunda dos butanos do condensado.

A experiência de funcionamento da USK demonstrou que, em caso de separação deficiente de fases em unidades de processamento de condensados de gás de campo com condensados instáveis, a unidade recebe água mineralizada. Os sais minerais são parcialmente depositados na superfície dos aparelhos, incluindo o permutador de calor E01. Isto reduz o coeficiente de transferência de calor e, por conseguinte, não assegura o aquecimento da mistura antes do desgaseificador B01 até à temperatura de projeto - 20 ^{0}C.

A segunda unidade principal do USK-1 é a unidade de purificação do gás de desgaseificação e estabilização do condensado (Fig. 10,b*)*.

A pressão nos absorvedores e dessorvedores das unidades de purificação é mantida a 0,55 e 0,17 *MPa*, respetivamente. Como absorvente de componentes ácidos, utiliza-se uma solução aquosa de dietanolamina (DEA) a 12-18 % (em peso) (de acordo com o projeto, 25 %). Durante o funcionamento da instalação deste modo, o teor de sulfureto de hidrogénio no gás purificado não excede 5,7 mg/m^3. A concentração de H_2S e CO_2 nos gases de desgaseificação é de 3,5-4,7 e 0,5-0,6 %, respetivamente. A limpeza dos gases de desgaseificação é efectuada com uma solução de DEA com uma concentração de 12-14% (peso) e uma relação solução/gás de 2,9-3,5 l/m$^{(3)}$.

A concentração de H_2S e CO_2 nos gases de estabilização foi aproximadamente 2 vezes superior à dos gases de desgaseificação e foi de 8,9 -11,2 e 0,6 - 1,5 % (vol.), respetivamente. Os gases de estabilização na quantidade de 13-15 mil m^3/h são purificados com solução DEA de 18% (wt.) de concentração na razão solução/gás de 5,3-6,1 l/m^3.

A regeneração das soluções saturadas de DEA foi efectuada em dessorventes a uma pressão de 0,18 *MPa.* O consumo de vapor (0,51 *MPa*) para a regeneração foi de 120 -130 kg/m^3 de solução. Nestas condições, o teor de H_2S na solução de DEA regenerada não excedeu 0,01 *mol/mol*, o que permitiu uma boa purificação do gás de sulfureto de hidrogénio.

Atualmente, a solução DEA é fornecida à coluna de C02 e CO3 a partir das unidades de dessulfuração da primeira fase da fábrica. A produção da mistura de tióis foi organizada com base no equipamento das unidades de regeneração da solução de amina.

Os gases ácidos após os dessorventes, numa quantidade de cerca de 4 mil m^3/h, com teores de H_2S e CO_2 até 80 e 5-11% (vol.), respetivamente, são encaminhados para instalações de Claus para produção de enxofre elementar.

Na maioria das medições, a saturação da solução de DEA foi de 0,5-0,6 mol/mol, o que é ligeiramente superior ao nível admissível. O grau de saturação da solução de DEA pode ser reduzido através do aumento da concentração de DEA ou do aumento da quantidade de solução em circulação. Os cálculos efectuados por nós mostraram que, para o absorvedor de purificação de gás de desgaseificação, a concentração óptima da solução deve ser de cerca de 20%. Ao mesmo tempo, a relação solução: gás deve ser de cerca de 3 l/m^3 [22]. Para o processo de purificação do gás de estabilização, é razoável aumentar a quantidade de absorvente circulante até 100-110 m^3/h e realizar a absorção a um caudal de absorvente específico de 6 l/m^3.

A aplicação das recomendações acima referidas reduzirá o risco de corrosão na fábrica, mantendo um elevado grau de saturação da solução com gases ácidos (0,4 mol/mol).

Análise da operação USK-2. A principal diferença entre a unidade de estabilização de condensados da Fase II e a unidade de estabilização de condensados da Fase I é a utilização do processo de condensação a baixa temperatura para a separação do LGN dos gases de estabilização. A utilização do processo STC permite simultaneamente a secagem do LGN, o que aumenta a fiabilidade dos sistemas de transporte e armazenamento do produto.

O fluxo de condensado instável do GTU a temperaturas de -10 a +40 °C entra no separador de entrada D101, onde ocorre a desmetanização parcial da matéria-prima a 3,7-3,9 MPa (Fig. 11.).

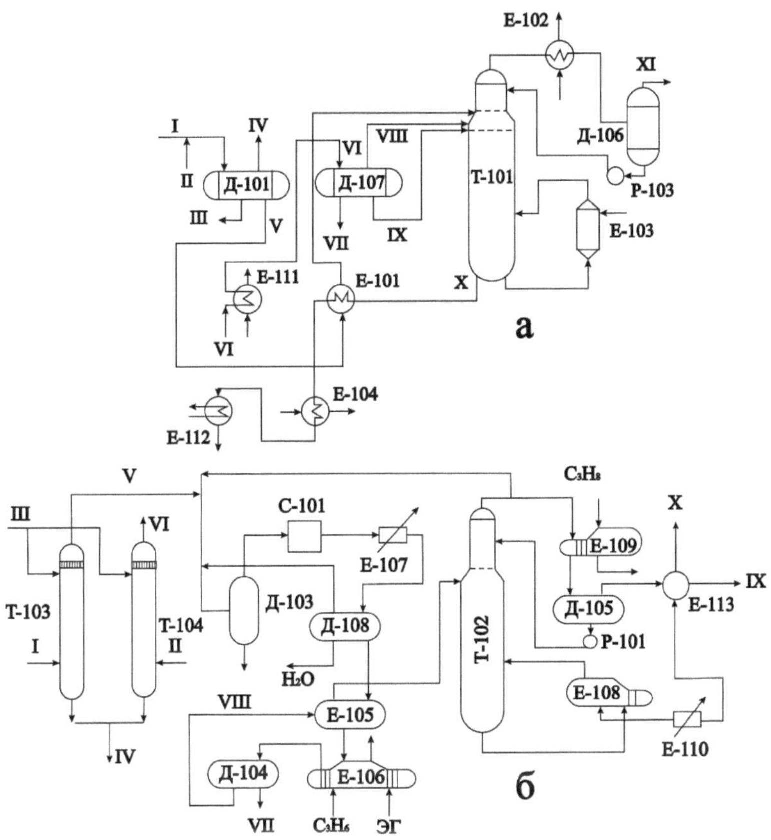

Figura 11. Diagrama do circuito do USK-2:

(a) Unidade de estabilização:

D-101, D-107 - separadores trifásicos; D-106 - tanque de irrigação; E-102 - refrigerador de ar; E-101 - permutador de calor recuperativo; E-103 - evaporador - T-101_estabilizador; E-111 - aquecedor; E-104, E-112 - refrigeradores; P-103 - bomba; T-101 - estabilizador; I - condensado instável do campo; II - condensado instável das unidades de secagem; III - água ácida; IV - gás de separação para purificação; V - condensado parcialmente desgaseificado; VI - mistura de EG saturado e condensado instável; VII - solução saturada de EG para regeneração; VIII - gás para o estabilizador; IX - hidrocarbonetos líquidos para o estabilizador; X - condensado estável; XI - gás de estabilização para purificação.

b) Unidade de purificação do gás de estabilização e de extração de LGN:

T-102 - coluna de retificação; T-103, T-104 - absorventes; D-103, D-104, D-108 - separadores; D-105 - tanque de irrigação; E-105, E-113 - permutadores de calor regenerativos; E-106, E-109 - evaporadores de propano; E-107, E-110 - aparelhos de arrefecimento do ar; E-108 - evaporador; C-101 - compressor; P-101 - bomba; I - gás de desgaseificação de D-101 (fig. 11, a); II - gás de estabilização de D-106 (fig. 11, a); III - solução de amina regenerada; IV - solução de amina saturada; V - gás de estabilização purificado - VI, IX - gás combustível; VII - solução saturada de MEG; VIII - mistura de hidrocarbonetos líquidos; X - SFLC.

O gás de separação do topo do D-101 é conduzido ao absorvedor T-104, onde é purificado do sulfureto de hidrogénio e do dióxido de carbono com a ajuda de uma solução de dietanolamina. O gás purificado é fornecido à rede de combustível.

O condensado parcialmente evaporado do fundo do separador trifásico D-101 passa pelo permutador de calor recuperativo E-101, onde é aquecido até 25 °C, e entra na 6ª placa (a contar do topo) do estabilizador T-101. Dois fluxos do separador trifásico D-107 são também alimentados à 6ª placa do estabilizador como matéria-prima.

A mistura gasosa obtida durante a estabilização do condensado é alimentada a partir do topo do separador D-106 para o absorvedor T-103 para purificação dos componentes ácidos. O condensado estabilizado é descarregado do fundo da coluna 1-101 para o parque de produtos.

O condensado à saída do refrigerador E-112 tinha uma temperatura elevada, que atingia 50-70°C no verão. Isto resultava em perdas das suas fracções leves durante o armazenamento. Um refrigerador de água foi adicionalmente incluído no esquema para arrefecer o condensado estável.

Os absorventes T-103 e T-104 em 2 níveis são enchidos com bocal do tipo Pall rings feito de plástico. Na parte superior da coluna T-103 e T-104 estão instaladas duas e três placas deflectoras e um conjunto de grelhas, respetivamente. A primeira placa é alimentada com água de lavagem para captar a amina arrastada pelo gás. Na entrada de amina nos absorvedores T-103 e T-104, é introduzida no fluxo uma solução de agente antiespuma. O gás de estabilização purificado de componentes ácidos passa através de um separador, é separado de gotículas de humidade, depois é pressionado a 3,65 *MPa* e, para separação da humidade, entra no separador D-108.

Deve ser fornecido um certo volume de gás ao compressor para assegurar o funcionamento normal. É possível recircular parte dos fluxos de gás do topo da coluna T-102 e do separador D-108 quando a quantidade de gás do topo do separador D-103 é insuficiente para o funcionamento normal do compressor C-101.

A fase líquida do fundo do separador D-106 através do trocador de calor recuperativo E-105 entra no evaporador de propano E-106, onde é resfriado a menos 30-33 ° C e entra no separador trifásico D-104. A fase líquida de hidrocarbonetos do fundo do D-104 passa pelo trocador de calor recuperativo E-105, é aquecida a menos 15-10 ° C e, tendo se unido ao fluxo de gás *do* topo do separador D-104, entra no estabilizador T-102.

Note-se que a matéria-prima, arrefecida no evaporador E-106 a 33 °C negativos, entra na coluna a uma temperatura de 10-15 °C negativos. Assim, primeiro ocorre a condensação da matéria-prima e depois a sua re-evaporação. O objetivo do arrefecimento profundo da matéria-prima é a sua desidratação. Devido ao arrefecimento da matéria-prima, não há necessidade de desidratar o LGN numa instalação separada.

Para absorver a humidade e evitar a formação de hidratos, é injectada uma solução de monoetilenoglicol (MEG) a 80% na grelha de tubos dos permutadores de calor E-105 e do evaporador E-106. A solução saturada de MEG misturada com o condensado precipitado é descarregada do separador D-104 e, através dos aquecedores E-111, entra no separador D-107 (Fig. 11. b).

A fração mássica de amina na solução saturada de MEG atinge 5-10%, o que indica o arrastamento da solução de DEA dos absorvedores de dessulfuração T-103 e T-104.

O quadro 17 apresenta as caraterísticas dos separadores e desgaseificadores da Unidade de Estabilização de Condensados Gasosos (GCS-2)

Tabela 17.

Caraterísticas dos separadores e desgaseificadores USK-2

Posição de acordo com a Fig. 2.2.2	Pressão, *MPa*	Temperatura, ^{0}C	Diâmetro, *m*	Altura (comprimento), *m*	Volume, *m*^{3}
Д-101	3,6-3,9	29	2,2	8,16	28
Д-103			2,2	5,7	12,1
Д-104	3,1-3,3	-33	2,8	13,4	84
Д-105	2,8-3,0	-32	1,6	5,1	9,24
Д-106	8,6-10,6	50	1,7	7,4	14,8
Д-107	1,0-1,3	40	3,1	13,8	97,7
Д-108	5,0		2,2	8,4	29,1

A partir do exposto acima, propomos uma tecnologia modernizada do USK, que mostra as possibilidades de intensificação do processo de estabilização do HA e de melhoria da qualidade das propriedades do HA fornecido para processamento nesta unidade (Fig.12.).

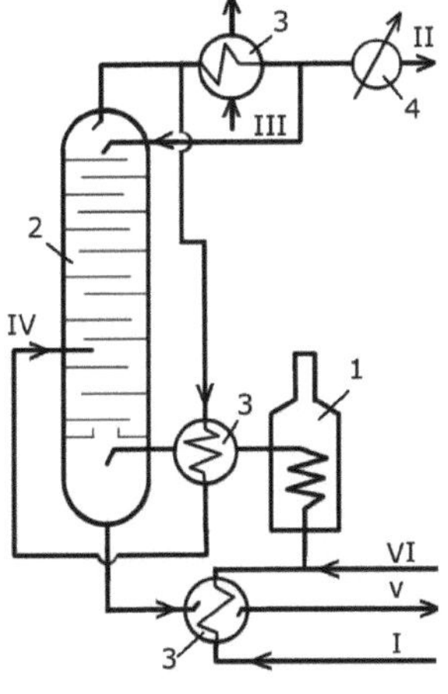

Fluxos de materiais:
I- HC instáveis provenientes da fábrica pré-tratamento e separação a baixa temperatura do gás natural;
II- unidade de separação de propano-butano em propano-butano para a sua liquefação;
III- hidrocarbonetos leves para irrigação para intensificar a deflegmação de gases dissolvidos de HC;
IV- Vapores de hidrocarbonetos leves para aquecimento e utilização como transportador de calor adicional;
HC estável em V armazenado para expedição para refinarias.

Fig. 12: Esquema tecnológico principal da estabilização de HC com utilização dupla de fracções de hidrocarbonetos leves para intensificação do deflagramento e como refrigerante.

1- Forno de aquecimento GC, 2- coluna de retificação, 3- permutadores de calor,
4- Frigorífico.

O esquema tecnológico proposto mostra o modo recentemente introduzido de aquecimento em linha dos volumes de HC que entram e a dupla utilização da fleuma de hidrocarbonetos leves (III) para que os processos de separação mais eficiente na coluna de retificação (2) dos gases associados (II) e a sua estabilização qualitativa (V).

Simultaneamente no forno (1) de aquecimento de HC a 240-260ºC são alimentados gases NTS após arrefecedores (3,4) de extração de propano-butano (P/B), que são também volumes adicionais para a sua liquefação como combustíveis.

De acordo com a tecnologia proposta para a estabilização das propriedades dos HC, foi obtido um condensado estável com as seguintes propriedades:

Gravidade específica, kg/m^3	0,768	Hidrocarbonetos metânicos, % em peso	42,5
Índice de refração, n^{20}_D	1,4575	Hidrocarbonetos aromáticos, % em peso	24,1
Ponto de ebulição Início, ^{0}C,	308	Hidrocarbonetos nafténicos, % em peso	28,5
Fim, ^{0}S,	535	Impurezas mecânicas, % massa	ausen te.
		Compostos de enxofre, % massa	0,25

Assim, com a modernização acima mencionada da USK e a melhoria do seu modo tecnológico, consegue-se uma separação mais completa e um aumento dos volumes de P/B, uma melhoria dos indicadores de qualidade do HA estável, bem como poupanças significativas nos custos de energia para o funcionamento da fábrica[35].

4. Estudos sobre a extração eficaz de hidrocarbonetos leves de matérias-primas de condensados de gás.

Considere-se uma coluna (Fig. 13) que recebe continuamente F mol/h de mistura de alimentação, que é separada em D mol/h de destilado (produto superior) e W mol/h de resíduo de cubo (produto inferior).

Em estado estacionário, o caudal de saída é igual ao caudal de entrada:

$$= + F D W (1)$$

Se a concentração do componente mais volátil nestas três correntes for igual a z_F, e, respetivamente, então o balanço para este componente é determinado pela Eq:

$$= + Fz_{(F)} Dx_{(D)} Wx_W (2)$$

Uma análise das equações (1) e (2) mostra que quando F e z_F são constantes e X_D e X_W satisfazem a pureza desejada do produto, os caudais D e W são também valores constantes.

Consideremos agora a secção do aparelho delimitada pela linha tracejada II pela n-ésima placa. Se houver Vn mol/h de vapor a subir da n-ésima placa, L_{n+1} mol/h de líquido a fluir da (n+1)-ésima placa acima, então o balanço material para esta secção pode ser representado da seguinte forma

$$= +V(n)\ Ln(+1)\ D\ (3)$$

Se as composições dos fluxos de vapor e de líquido entre a n-ésima e a (n+1)-ésima placas forem y_n e x_n+1, respetivamente, então o balanço para o componente volátil é o seguinte

$$V_n y_n = L_{(n+1)} X_{n+1} + DX_D (4)$$

Assim:

$$y = \frac{L_{n+1}}{V_n} X_{n+1} + \frac{D}{V_n} X_D \quad (5)$$

Do mesmo modo, para a secção delimitada pela linha tracejada III na Fig. 2.3.1, obtém-se

$$= +L(m)(+1)\ V(m)\ W\ (6)$$

и

$$y_m = \frac{L_{m+1}}{V_m} X_{m+1} - \frac{W}{V_m} X_w \quad \textbf{(7)}$$

em que, L_{m+1}, $V_{(m)}$ - fluxos (em mol/h) de líquido e vapor entre as placas m e (m+1); $y_{(m)}$, $X_{(m)(+1)}$ - composições dos fluxos de vapor e líquido entre as mesmas placas.

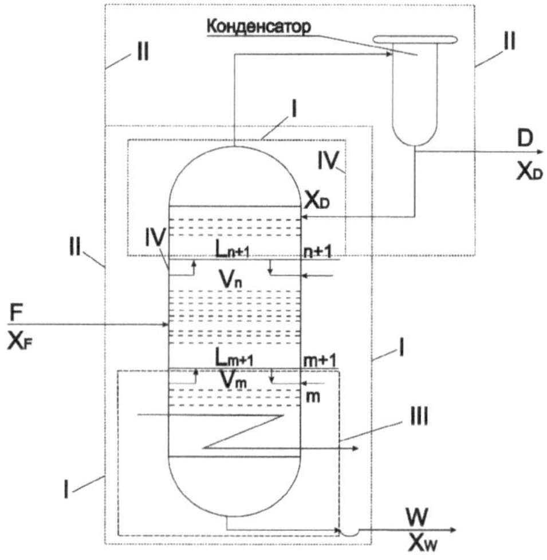

Fig. ***13: Diagrama esquemático dos fluxos de material numa coluna de destilação em funcionamento contínuo***

coluna de destilação

Se D e X_D forem fixados com base na consideração que acaba de ser feita, então as equações (3) e (5) não são suficientes para calcular os valores de V_n, $L_{(n)(+1)}$ e y_n na secção da secção de retificação em que a composição do líquido é $X_{(n)(+1)}$. Como se verá mais adiante, esse cálculo exige adicionalmente um balanço de entalpia para a secção II da Figura 13. Um raciocínio semelhante mostra que a secção III também exige uma equação de balanço de entalpia para calcular os valores de V_m, $L_{(m)(+1)}$e y_n para essa secção na secção de esgotamento em que a composição do líquido é $X_{(m)(+1)}$.

No entanto, em muitos casos, os valores de V_n, $L_{n(+1)}$, V_m e L_{m+1} permanecem praticamente constantes para os pratos, de modo que os balanços de entalpia não precisam ser considerados. A constância dos caudais ou a igualdade dos caudais molares ao longo da altura da coluna será alcançada nas seguintes condições:

1. Os calores molares de vaporização dos dois componentes são iguais;
2. As variações de entalpia com a temperatura são muito pequenas quando comparadas com o calor de vaporização;
3. O calor de mistura dos componentes em ambas as fases é zero;
4. Não há perdas de calor para o ambiente.

Quando os fluxos molares não se alteram, a relação entre as velocidades dos fluxos a montante e a jusante do prato de alimentação depende da caraterística térmica da mistura de alimentação. Se a mistura líquida de alimentação for introduzida na coluna no ponto de ebulição, então

$$= = L_{(m)(+1)}\, L_{n+1} \text{ e } V_{(m)}\, N_n \ \textbf{(8)}$$

Se o vapor saturado for fornecido como alimentação, então

$$= L_{(m+1)} = L_{n+1} \text{ e } V_{(m)}\, V_n - F \ \textbf{(9)}$$

O método gráfico de McCabe-Tiele [38] pode ser aplicado para determinar o número de pratos teóricos ou estádios de contacto necessários para um determinado processo de destilação de uma mistura binária. Tomando os fluxos molares iguais, as equações de balanço material (5) e (7) podem ser facilmente representadas graficamente sob a forma de linhas rectas: os valores de y são traçados ao longo da ordenada e os valores de x ao longo da abcissa (Fig. 14.). Estas rectas são chamadas rectas de trabalho. O seu declive é igual à razão entre as velocidades molares dos fluxos de líquido e de vapor. O mesmo gráfico é utilizado para traçar a relação de equilíbrio entre a composição do vapor e do líquido para a mistura de interesse à pressão selecionada. É necessário separar 2,5 mol/h de uma mistura de hidrocarbonetos contendo 1 mol/h de gasolina e 0,8 mol/h de gasolina leve.

A separação é efectuada numa coluna de pratos contínuos a uma pressão total de 1atm. As composições finais desejadas, expressas em termos de fracções molares, são: $=_{X(D)} = 0{,}96$ e X_W 0,04; utiliza-se vapor saturado como alimentação, com condensação completa dos vapores no condensador. Supondo que o fluxo de fleuma $\mathbf{L_{n+1} = 4\ D}$, encontramos o número de placas necessárias.

Comecemos por determinar W e D. Comparando as equações (1) e (2) e substituindo os valores conhecidos, obtemos:

$$= \mathbf{F z_{(F)}\ _{DxD} + (F\text{-}D)x_W}$$

$$\mathbf{4{,}3 \times 2{,}5 = D\ 0{,}96 + (4{,}3 - D)\ 0{,}04}$$

Por conseguinte, D = 11,1 mol/h. = = De acordo com a equação (1), W F - D 4,3 - 11,1 = 6,8 mol/h. A seguir, vamos calcular os fluxos internos. = + = + Pela equação (3), $V_{(n)}\ _{Ln(+1)}\ _D$ 4D D = 44,4 + 11,1 = 55,5 mol/h. = = Pela equação (9), $L_{m(+1)}\ _{Ln+1}$ = 55,5 mol/h; $V_{(m)}\ _{Vn}$ - F = 55,5 - 4,3 = 51,2 mol/h.

Substituindo os valores conhecidos nas equações (5) e (7), obtêm-se as equações da linha de trabalho. Para a secção de retificação (parte superior de reforço do pilar):

$$y_n = \frac{44{,}4}{55{,}5} X_{n+1} + \frac{11{,}1}{55{,}5} 0{,}96$$

$$y_n = 0{,}800\ X_{n+1} + 0{,}192$$

Para a secção de decapagem (fundo da coluna):

$$y_m = \frac{44{,}4}{51{,}2} X_{m+1} + \frac{6{,}8}{51{,}2} 0{,}04$$

$$y_m = 0{,}86\ X_{m+1} - 0{,}0053$$

Ambas as equações das linhas de trabalho são traçadas no diagrama y - x, como mostra a Fig.14. Este diagrama caracteriza-se pelo facto de a linha de trabalho da secção de retificação cruzar a diagonal no ponto $x = X_D$, e a linha de trabalho da secção de exaustão no ponto $X = X_W$.

O desvio calculado no número de placas teóricas deve-se ao facto de a mistura de hidrocarbonetos adoptada para a ebulição de retificação ser muito diferente das misturas binárias e ternárias. A figura mostra que o número de placas de coluna de trabalho não é superior a 30 com 80 placas de coluna teóricas e 40 placas de coluna práticas, e o número de fleuma não excede mais de 3.

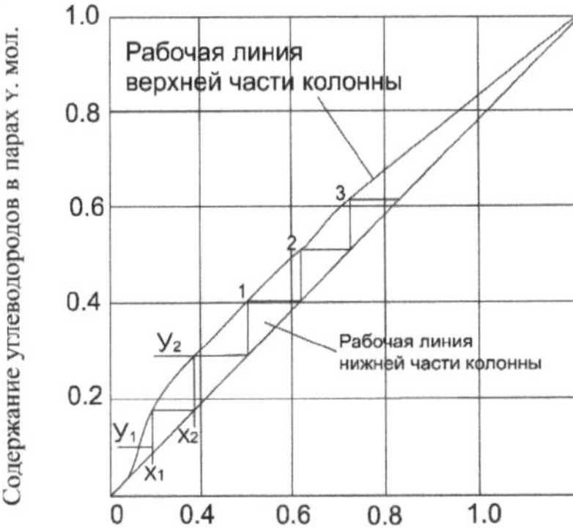

Teor de hidrocarbonetos no líquido X, fração em mol.

Figura 14: Resolução de um exemplo utilizando o método gráfico McCabe-Tiele

CONCLUSÕES DO CAPÍTULO II

A nossa tecnologia proposta de modernização da unidade de estabilização de condensados de gás e de melhoria do seu modo tecnológico consegue uma separação mais completa das fracções e um aumento do volume de hidrocarbonetos leves, como as fracções de propano e butano, uma melhoria significativa dos indicadores de qualidade do GC estável, a utilização das fracções de propano-butano como combustível para motores de combustão interna e poupanças significativas nos custos de energia para o funcionamento da unidade.

CAPÍTULO III. INDICADORES QUALITATIVOS DO CONDENSADO DE GÁS

1. Indicadores qualitativos-quantitativos que caracterizam o condensado de gás estável.

Os gases combustíveis liquefeitos de hidrocarbonetos para consumo municipal e doméstico, de acordo com GOST 20448-80, têm as seguintes qualidades: SZTPB - uma mistura de propano técnico de inverno e butano; SLTPB - uma mistura de propano técnico de verão e butano; BT - butano técnico. Requisitos básicos de qualidade para gases liquefeitos.

Anteriormente, os gases liquefeitos eram produzidos de acordo com a norma GOST 10196-62, segundo a qual o teor de propano e propileno nos gases liquefeitos não devia ser inferior a 93% (peso). Esse combustível tem propriedades de desempenho muito melhores do que os gases liquefeitos produzidos de acordo com GOST 20448-75.

No entanto, a norma GOST 10196-62 não incentivou a utilização de butanos e butilenos em gases liquefeitos. Consequentemente, muitas refinarias de gás e petróleo utilizavam de forma ineficaz os recursos de butanos e butilenos disponíveis. A introdução do novo GOST para o gás liquefeito permitiu aumentar a eficiência da utilização dos recursos de hidrocarbonetos C_4 e aumentar a produção de produtos comercializáveis.

A fração PBP é utilizada como matéria-prima de pirólise na fábrica de produtos orgânicos de Uchkyr. A concentração de componentes no PBP é definida exclusivamente com base nos requisitos da produção de pirólise. De acordo com as especificações, o teor total de propano e butanos no PBP não deve ser inferior a 90% em peso, incluindo isobutano não inferior a 17%, e o teor de etano e C_5H_{12+} não é superior a 3 e 7% (em peso), respetivamente.

A concentração de etano nos LGN e nos GPL é fixada de modo a assegurar a sua comercialização e a minimizar as perdas durante a armazenagem e o transporte. Esta última está diretamente relacionada com o seu teor de etano. Por conseguinte, um produto que não contenha etano seria o mais comercializável. No entanto, a produção de LGN e de gases liquefeitos sem etano é intensiva em termos energéticos. Tendo isto em conta, foram estabelecidas normas óptimas para o teor de etano nestes produtos.

O teor de pentano e de hidrocarbonetos superiores nos gases liquefeitos é fixado de modo a poderem ser vaporizados quando os gases liquefeitos são utilizados como combustível.

Quadro 18

Exigências básicas de qualidade para condensados estáveis dos grupos I e II.

Indicadores	I	II	Métodos de ensaio
Ponto de ebulição, °C, não inferior	30	30	GOST 2177-99
Pressão de vapor saturado, Pa (mmHg): período de verão, não mais Período de inverno, não mais	66661 (500) 93325 (700)	66661 (500) 933325 (700)	GOST
Fração mássica de água, %, máx.	0,03	0,5	GOST 2477-65
Fração mássica de impurezas mecânicas, %, máx.	0,005	0,1	GOST 6370-83
Massa de cloreto, mg/litro, não superior a	15	-	GOST 21534-76
°Densidade a 20 C, g/cm^3	Não é racionado, a definição é obrigatória		GOST 3900-85
Fração mássica de enxofre total, %	O mesmo		GOST 19121 - 73

De acordo com a OST 51.65-80, são estabelecidos dois grupos para os condensados comerciais: I - para unidades de estabilização de condensados, II - para campos.

O principal indicador de qualidade do condensado estável é a pressão de vapor saturado, que caracteriza a presença de hidrocarbonetos leves no mesmo. Este indicador para o Grupo I de produtos é (Quadro 3.1.1) para os períodos de inverno e verão do ano 93325 e 66661 Pa respetivamente, para o Grupo II-93325 Pa.

As normas para o teor de água e impurezas mecânicas no condensado são estabelecidas com base nos requisitos para o armazenamento e bombagem normais do produto, bem como tendo em conta o seu processamento posterior.

Para avaliar plenamente a comercialidade dos condensados, é igualmente necessário determinar indicadores como a composição fraccionada, o teor em compostos de enxofre, hidrocarbonetos aromáticos e parafinas de alto ponto de ebulição, o ponto de fluidez, etc.

CAPÍTULO III

Com base nos requisitos para estabilizar os condensados de gás, a tecnologia desenvolvida de estabilização de condensados de gás cumpre as normas desta norma (OST 51.65-80).

CAPÍTULO IV.RECOMENDAÇÕES TÉCNICO-ECONÓMICAS

1. Recomendações técnico-económicas para o desenvolvimento do processo de estabilização do condensado de gás

A qualidade e a estabilidade dos petróleos e dos condensados de gás recebidos são de grande importância para o bom funcionamento das refinarias. São frequentemente acompanhados de hidrocarbonetos muito leves, como o propano-butano e o C_5-C_6, que complicam o funcionamento da coluna do seu tratamento primário (aumento da pressão parcial do topo das colunas de retificação, vapores em 10-15 atm), o que é inaceitável e tem consequências graves.

Portanto, o trabalho proposto desenvolve um modo moderado do processo de estabilização da matéria-prima de condensado de gás que atende aos requisitos da refinaria. °Propõe-se a redução da temperatura de condensação dos vapores da parte superior da coluna de retificação da estabilização do condensado de gás em 5-8 C e o aumento do número de fleuma até 3^x hidrocarbonetos leves provenientes da irrigação. Neste caso, a irrigação deve ser efectuada não no 35° prato, mas no 30° prato da coluna de estabilização do condensado de gás.

Tabela 19.

Cálculo do custo unitário do condensado de gás estável

Nome	Unidade.	Preço das unidades, em UZS, milhares de UZS	Taxa de consumo em t.	Preço estável do condensado de gás em somas	
				Do USC-2.	Na proposta
1	**2**	**3**	**4**	**5**	**6**
Instável HC		7000	1,15	8050,0	8050,0
Luz GC (retorno)	Tonelada	926,0	0,15	-	-1368,9
Reembolso n/a	Tonelada	7400	0,1	740	217,65
Custos de eficiência de combustível:	Condicio nalmente	3	5+ 0,8	15	24

água de arrefecimento	Tonelada		0,1	3880	2800
				Continua no quadro 19	
Outras despesas 10%		-	-	805	805
Despesas gerais 15%		-	-	1207,5	1207,5
Total: custo das vendas na fábrica				14697,5	11735,25

Como resultado, com a nova introdução nos parâmetros da tecnologia de estabilização do condensado de gás, consegue-se a melhoria dos indicadores de qualidade das matérias-primas, direcionados para o processamento e melhora o funcionamento da unidade de separação de propano-butano. Assim, destacamos os indicadores técnicos e económicos de uma unidade de condensado de gás estável (tabela 19).

A eficiência económica por 1 tonelada de condensado estável pelo método proposto acabou por ser igual a 2962,25 somas.

Assim, com a redução das despesas por tonelada de condensado de gás estável, à custa do retorno de propano-butano da condensação efectiva do condensado de gás no montante de 217,65 somas, o seu preço de custo é reduzido em 2962,25 somas.

Recomendado:

- desenvolvimento de nomes de cálculo e de conceção na parte do condensador-deflegmador da coluna de retificação USK;
- elaboração de medidas sobre o canto da mudança e criação de instruções de trabalho sobre a parte do condensador do USK;
- desenvolvimento de indicadores de custeio aproximados na vida real da fábrica em funcionamento.

CAPÍTULO IV

Como se pode ver pelos cálculos, a nossa tecnologia proposta de modernização da unidade USK é mais eficiente na obtenção da fração de butano propano. Além disso, a aplicação desta tecnologia reduzirá o custo de produção da fábrica da fração de butano propano e do condensado de gás estável.

CONCLUSÃO

1. Com base no estudo da experiência científica, prática e de produção de uma série de unidades de estabilização de condensado de gás instalações de processamento de condensado de gás operadas em campos de gás natural, verificou-se que as unidades existentes não conseguem uma separação final clara de hidrocarbonetos leves (até 8 % de propano-butano, até 2-3 % da fração de hidrocarbonetos leves).
2. °°No desenvolvimento da bancada de laboratório do processo de retificação da separação dos gases dissolvidos do condensado de gás, é estabelecido que duas ou três vezes o arrefecimento (até 8 -10 C) das fracções superiores e o aumento do número de fleuma (até 3) para a irrigação do topo da coluna é conseguido uma separação mais clara do propano-butano do condensado de gás.
3. A parte superior de extração de gás da coluna de retificação de estabilização de gás-condensado foi estudada e foram efectuados cálculos.
4. Com a introdução dos parâmetros propostos na tecnologia de estabilização da retificação, o trabalho de separação do propano-butano é aliviado e os custos de energia são reduzidos, o que permite reduzir o custo da produção de condensado de gás estável em 5-6%.
5. A tecnologia desenvolvida, a regulação mais clara dos parâmetros do modo de funcionamento das instalações de estabilização do condensado de gás através da introdução de um novo modo de aquecimento do fluxo dos volumes de entrada do GC e da dupla utilização de fleuma leve de hidrocarbonetos com o objetivo de uma separação mais eficaz numa coluna de retificação dos gases de acompanhamento e da sua estabilização qualitativa, sem alteração essencial da tecnologia de estabilização, pode ser dominada na prática industrial do GPP.

LISTA DAS REFERÊNCIAS UTILIZADAS.

1. Sayfullin et al. Gasolina para automóveis Euro-Super-95 AO "NOVIL" Neftepererabotka i neftekhimiya, 7 e 8, 2006. pp. 90-97 e 67-76.

2. Gureev.A.A. Aplicação de gasolinas para automóveis // M.: Khimiya, 2012.364 p.

3. Mirsagatova M.A., Alimov A.A., Akhmedov K.S. Reação - capacidade de oxidação de hidrocarbonetos condensados de gás em catalisador de óxido / Uzbek.chem.zh. 2000, №1. c. 25-28.3 Indústria de petróleo e gás do Uzbequistão - o ramo básico da economia do país // NHC "Uzbekneftegaz" T. - "Puls iks" 2004. C. 82.

4) Alimov A.A. // Sobre a utilização química do gás natural e dos condensados de gás// Uzbek Chemical Journal. Tashkent, "Fan", 2003. №1. C. 87 - 94.

5. ABB Lummus Cross SHGHK Regulamentação tecnológica "Produção de etileno" polietileno // *Dosteinde AH voorburg Países Baixos EUA* . 1997, 2272

6. Alimov A.A. Processamento químico de gás e condensado de gás //Uzbek Chemical Journal 1993. №1. C. 45-52.

7. Samukov T. I., Khaltaev X. F., Alimov A. A. Obtenção de solventes individuais a partir de condensados de gás. // Jornal Uzbeque de Petróleo e Gás. 1997. №4 C. 48-50.

8. Abduganiev A. B., Alimov A. A. Obtenção de tolueno condicionado a partir de condensado de gás. // Uzbek Journal of Oil and Gas. 1999. № 3. C. 32-34.

9. Alimov A. A., Saitdinov F. A. Gas-condensate-crude for obtaining motor fuels // Uzbek Journal of Oil and Gas. 1999. № 4 C.30-31.

10.Timerkhanov F.Sh. O problema da redução da fuligem e a melhoria dos indicadores técnicos e económicos dos motores através da utilização do aditivo sem cinzas TIOFAT no combustível. // Folheto informativo n.º. 71-003-03. Kazan: Tatar CNTI.-2002.-4 pp.

11) Alimov A. A. Ismatov D. N. et al. Estudos da cinética da síntese de iso-éteres de aditivos sem cinzas de combustíveis para motores. // Actas da Conferência Científica e Técnica Republicana. "Problemas actuais da química e da tecnologia química". Tashkent. 2002. C. 6-8.

12. Kontsova L.V., Chernousova N.N. Solvente de alto ponto de ebulição de éteres de celulose. éteres de celulose. // Materiais de tinta e verniz e sua aplicação. M.: 1981. № 5, - C. 59.

13. Karimov X. X. Machinosozlar uchn erituvchi olish. //Materials of scientific and practical conference of young scientists, teachers and professors. TashHTI-Tashkent 2002; P.110-113.

14. Ismatov D. I., Alimov A. A. et al. Desenvolvimento de tecnologia para a produção de aditivos isoéteres de combustíveis para motores. //Revista uzbeque de petróleo e gás. 2002. №2. C.22-24.

15. Raskatov V.M. , Chuenkov V.S., Bessonova N.F., Weiss D.A. Materiais de construção de máquinas: um breve livro de referência // M.: Mashinostroenie, 1980. C. 511

16. Samukov T. I. Obtenção e investigação das propriedades dos solventes a partir de condensados de gás e desenvolvimento das suas tecnologias. // Dissertação para o grau de Candidato de Ciências Técnicas. Tashkent, 1998. C.50-57.

17. Bekirov T.M. Processamento primário de gases naturais. M.: 1987, P.256

18. Luntovsky E.A., Salashnik M.M., Krasnikov A.A. Estabilização do condensado de gás. Moscovo: VNIIEGazprom, 1979. C.67

19.Gnusova S.P., Bergo B.G., Fishman L.L. Technical progress in the technology of gas condensate collection and stabilisation (Progresso técnico na tecnologia de recolha e estabilização de condensados de gás). Moscovo: VNIIEGazprom. 1977. C.57

20.Shulga V.A., Novikov P.P., Ovchenkov I.M. e outros // Preparação e processamento de gás e condensado de gás. Moscovo: VNIIEGazprom. 1980. № 10. C.28 - 29.

21.Tyulyandina K.A., Burlachenko G.M. Preparation and processing of gas and gas condensate. Moscovo: VNIIEGazprom. 1982. № 6. C.10 - 12.

22. Bergo B.G., Frolov A.V., Fishman L.L., et al. // Melhoria da tecnologia de estabilização de condensados de gás. Moscovo: VNIIEGazprom. 1984. C.35

23.Bekirov T.M., Shkoryapkin A.I., Chernomyrdin V.N.// Caraterísticas do desenvolvimento e funcionamento dos campos de gás da depressão do Cáspio: Coleção de artigos científicos M.: VNIIEGazprom.1982.P.126-136.

24. Bekirov T.M., Stryuchkov V.M., Khalif A.L. et al. // Gaz. prom. M.: 1982 № 1. C. 33 - 34.

25.Bekirov T.M., Khalif A.L., Vezhnovets T.S., et al. // Preparação e processamento de gás e condensado de gás. Moscovo: VNIIEGazprom. 1980. № 12. C.23 - 28.

26.Samukov T.I. "Obtenção e investigação de propriedades de solventes a partir de condensados de gás e desenvolvimento das suas tecnologias" tese para o grau de Candidato a Ciências Técnicas. T.: 1997, P.

27.Mirsagatova M.A. "Formadores de película à base de produtos de oxidação de condensado de gás e suas propriedades químico-coloidais". // Resumo do Candidato de Ciências Químicas T.: 1987. C.23

28.Kunishev D. Regulação das propriedades coloidais e químicas dos detergentes sintéticos por meio de substâncias hidrotrónicas derivadas do condensado de gás. //T.: Resumo 1975, P.

27. Kozorezov Yu.N. "Processamento de matérias-primas de condensado de gás no exterior: // Química e tecnologia de combustível e óleos. 1966 №1 C.61-63

28. Bargo B.G., Gadzhiev N.B. Instalação para investigação da estabilização do condensado num evaporador de fracionamento. // Processamento de gás e condensado de gás. 1972. № 10 C.

29. Trivus N.A., Ovtina T.S. Experimental studies of partial stabilisation of condensate at low-temperature separation units. // Processamento de gás e condensado de gás. 1997. № 3. C.7-15.

31. Petrov N.A., Yuriev V.M., Hisaeva A.I. Síntese de surfactantes aniónicos e catiónicos para aplicação na indústria petrolífera. Manual de formação UGNTU. - Ufa: 2008. C. 54

32. Bargo B.G., Gadzhiev N.B., Fishman L.L. Aumento da produtividade da produção de fracções leves de hidrocarbonetos. // Processamento de gás e condensado de gás. 1976. № 11. C. 3-8.

33. Gnusova S.P., Baikova M.A. Estabilização de condensado de gás numa coluna de retificação. // Processamento de gás e condensado de gás. 1975 № 11. C. 15-20.

34. Ruzmatov Sh.T., Turaev T.B. e Alimov A.A. Composição e propriedades do condensado de gás estável após a unidade de estabilização // Actas da Conferência Internacional "Catalytic Processes of Oil Refining, Petrochemistry and Ecology". Tashkent 2013. C. 287-288

35. Ruzmatov Sh.T., Muminov A.A., Turaev T.B. e Alimov A.A. Análise do processo de estabilização das propriedades do condensado de gás da empresa subsidiária unitária Shurtanneftegaz. // Boletim Umidli kimyogar. Tashkent 2013g. C. 287-288

36. Regulamento técnico da unidade de estabilização de condensados de gás. UDP Mubarak

37. Regulamentação Técnica da Unidade de Estabilização de Condensados de Gás USK-2 UDP Shurtan

38. Alieva R.B. Processamento e utilização de condensados de gás. M.:1981. № 5.C.28 - 30.

39. Alimov A.A., Hashimov R., Hodzhakhanov N.A. Tecnologia de processos para a preparação de cloreto de alquil-benziltrietanol-amónio. //Coleção de artigos científicos. T.: 1976. C. 46 - 55.

40. Kunishev D., Aminov S.N., Akhmedov K.S., Effect of hydrotropic substances on concentrated solutions of alkyl sulphate. // Jornal de Química Coloidal. 1975 № 5 C.17-19.

41. Muratov T., Aminov S.N., Zainutdinov S., Akhmedov K.S. //Neftekhimiya i neftepererabotka. 1969. № 5. C. 54.

42. Makhmudov T.M., Alimov A.A., Ubaidullaev S., Akhmedov K.S. Síntese de aminas e substâncias tensioactivas catiónicas com base em condensados gasosos. //Síntese e aplicação de novas substâncias tensioactivas. Tallinn 1973 P. 77 - 83.

43. Ivenyan A.I. Alimov A.A. Dehydration of gas condensate on sorbents. // Coleção de artigos científicos. TashHTI-Tashkent, 2003: C.165-168.

44. Ivenyan A.I. Alimov A.A. Study of the process of purification of Kokdumalak gas condensate from dispersed mineralised water // Coleção de artigos científicos. TashHTI Tashkent, 2004, P.187-190.

45. Alimov A.A., Mirsagatova M.A. Oxidação da fração de gasolina do condensado de gás. Jornal químico uzbeque. VOL.: 1984 №5 P.39-42.

46. Alimov A.A., Mirsagatova M.A., Akhmedov K.S. Oxidação do condensado de gás pelo ar. T.: 1975, P.9.

47. Mirsagatova M.A., Alimov A.A., Akhmedov K.S. Reatividade de hidrocarbonetos condensados de gás à oxidação em catalisador de óxido. Jornal Químico do Uzbequistão. T.: 1980. № 1. C. 25 - 28.

48. Alimov A.A., Dusmatov K.I. Amonólise oxidativa de hidrocarbonetos de condensado de gás // Actas do Instituto Mineiro e Metalúrgico de Navoi. Navoi, 2000, p. 211.

49. Mehdiyev S.D. Nitriles. // Edição estatal de Baku Azerbaijão. 1966. C. 467.

50. Alimov A.A. Processamento químico de condensados de gás. Conferência. "Problemas actuais do processamento químico dos recursos de matérias-primas minerais do Uzbequistão" T., 2003, p. 25.

51. Usheva N.V., Baramygina N.A. Research of gas condensate stabilisation processes" .Tomsk- 2004: C. 3

52. Melhorar a eficiência da tecnologia de tratamento de campo de condensado de gás.// Indústria de Gás.M.: 2003.No.7. - C. 54-57.

53. Mishin V.M. Processamento de gás natural e condensado // M.: Centro de Publicações "Academia", 1999. C. 448

54. http://www.ngpedia.ru/id474493p1.html. (Estabilização - condensado).

55. http://nanoarea.ru/index.php/razlichnye-nauchnye-stati/258-tehnologija-stabilizatsii-kondensata-rektifikatsiej (Tecnologia de estabilização de condensados por retificação).

56. http://ntng.ru/ index1_7.html.(Unidade de estabilização de condensados de gás).

57. http://www.ngpedia.ru/ id548758p1.html. (Instalação - estabilização - condensação)

58. http://www.himi.oglib.ru/bgl/80/120.htm l(Tecnologia de processamento de condensados de gás)

59. http://vunivere.ru/work18118/page4 (Técnica e tecnologia de processamento de gás e condensados (Coleção com resultados de

investigação de especialistas da indústria do gás obtidos no processo de trabalho)).

60. http://tekhnosfera.com /razrabotka-novyh-tehnologicheskih-resheniy-po-pererabotke-vysokoparafinistogo-gazovogo-kondensata#ixzz32i9YUB7j (Desenvolvimento de novas soluções tecnológicas para o tratamento de condensados de gás altamente parafínicos).

61. http://www.findpatent.ru/patent/247/2477301.html (Método de processamento de condensado de gás instável e instalação para a sua implementação).

62. http://www.dissercat.com/content/otsenka-ekonomicheskoi-effektivnosti-ispolzovaniya-gazovogo-kondensata-v-rossii #ixzz32iBSmTrS (Avaliação da eficiência económica da utilização de condensados de gás)

Printed by Books on Demand GmbH, Norderstedt / Germany